水資源・環境学会『環境問題の現場を歩く』シリーズ❹

中国・淮河流域と
貴州省石漠化地域を歩く

大塚健司・藤田香〔著〕

成 文 堂

はしがき

　「環境問題の現場を歩く」シリーズ第4巻の「現場」は中国である。わたしたちはこれまで中国における水環境問題の現場を歩いてきた。中国の水汚染や土壌流出の深刻な地域において、現地の研究機関やNGOと協働しながら、環境問題の解決に向けた取り組みの現状と課題について研究を行ってきたのである。中国では大気汚染や水汚染をはじめとする環境問題についてようやく対策の効果が現れてきたようであるが、わたしたちが現地の研究機関や団体と共同研究を行っていた頃は、「汚染しながら対策をしている」などと環境行政を所管する政府高官自らが対策の限界を揶揄していたような時代であった。そうした時代であったからこそ、現地の研究者、実務担当者、運動家から、激甚な公害を経験しながらその克服に取り組んできた日本の経験やノウハウに強い関心が寄せられた。当時、日本から来たわたしたちは環境問題の現場に入るたびに、日本はどのようにして環境問題を克服してきたのかと聞かれたり、問題解決のために協力してもらえないかと請われたりしたものであった。中国の環境問題の現場において、わたしたちは第三者的な観察者である研究者としてよりも、知識の共有や協働実践のパートナーとして期待され、受け入れられたのである。

　実際に現場の期待に応えられたかどうか確証がもてないものの、おかげでわたしたちは中国の環境問題の現場にいながら、常に日本の環境問題の現場に思いをはせ、日本の公害の経験について勉強をし直したり、日本の公害・環境問題に長くかかわってきた先達の方々から話をうかがったり、あるいは現場に同行して日中環境協力のあり方について議論をさせていただいたりする機会を得ることになった。このように思いがけず中国と日本の環境問題の現場をつなぐ役回りを担えたことは、中国の環境問題の現場にかかわる上で、大きな責任とやりがいを感じるものであった。

　一方で、わたしたちは日本の経験やノウハウでは太刀打ちできない問題を目の当たりにして現場に立ちすくむこともあった。それは第1章で取り上げ

た流域に沿って多数分布していた「癌の村」のことであったり、第2章で描かれているような「水土流失」による「石漠化」が進行している広大なカルスト地域であったりした。他方で、そうした深刻な環境問題の現場においても、政府当局の抑圧にもかかわらず粘り強く問題解決に取り組む有志のグループや、現地のひとびとと向き合いながら、現地のひとびとのニーズや直面している課題を聞き取り、寄り添う術を身につけた学生達を率いる大学の研究チームとの出会いに勇気づけられ、希望をもつことができた。

　その後、新型コロナウイルス感染症対策のために両国間の行き来が制限されたり、その流行が落ち着いた現在でも、日中両国間の政治的摩擦によって両国の関係者が環境問題の現場を行き来することがためらわれたりする状況が続いている。このため、本書をそのまま「参考書」として中国の環境問題の現場に入ることは難しいかもしれない。それでも、当時わたしたちが現場においてどのような課題を見出し、どのようなことを考え、現地の方々と協働して、その課題を解決しようとしたのかという試行錯誤の経験自体は決して色褪せることがないだろう。読者のみなさまには、わたしたちが歩いた現場を追体験していただき、新たな時代にふさわしい現場の歩き方をみつけていただければ幸いである。

　　　2024年5月　　　　　　　　　　　　　　　　　　　　　　　筆者

目　次

I

中国・淮河流域を歩く

大塚健司

1．淮河との出会い

　私が淮河（わいが。原語のピンインによるローマ字表記では Huaihe）という河川を知ったのは、アジア経済研究所に入所（1993年）して間もなく中国の環境問題研究を始めた頃に見た日本の新聞記事がきっかけであったと記憶している。それは中国の淮河流域で水汚染のために長期にわたって飲み水を確保できなくなったと伝えるものであった。中国でも環境汚染が深刻化し、実際に被害も発生していることを知り、その現場を見に行かなければと思うようになった。とはいえ、中国の環境汚染の現場に行くことは決して容易なことではなかった。その後、1997年から1999年まで北京大学での在外研究期間中に淮河流域の現地に入る機会を得たものの、本格的に水汚染問題の現場に向き合うようになったのは、2004年に現地 NGO とコンタクトをとったのがきっかけであった。以下本章では淮河流域の水環境問題の現場を歩いた経験について現地 NGO との交流や協働を中心に記す[1]。

2．中国七大河川流域の中の淮河流域

　中国大陸はユーラシア大陸の東端にあり、さらに東に行き海を隔てたところに私たちが住む日本列島が横たわっている。地形で見るとおおむね「西高東低」となっており、西部の高地に降った雨が東部の低地から海に流れていくつかの大河川流域が形成されている。図１と表１は中国の七大河川流域の

位置と概要を示したものである。

　淮河流域はこの七大河川流域のひとつである。淮河の本流は全長約1000km あり、河南省桐柏山から源を発し、東に河南省から安徽省につらなる淮北平原を流れて江蘇省北部（蘇北平原）の洪沢湖に入り、そこから南に進路を変えて長江に入っている。また本流水系とは別に山東省南部の沂蒙山地から発する沂、沭、泗河は南に流れて蘇北平原を経て、湖沼や水路とつながって一部は黄海に出ている。これら２つの水系の河川が多数の支流を有して、東西約700km、南北約400km にわたる大地に複雑な水のネットワークを描いている。

　淮河流域の規模は面積では最小の遼河流域より少し大きく約27万 km^2、人口では最大の長江に次いで大きく約１億４千２百万人である。そして人口密度については首都圏を流れる海河流域を凌いで七大流域で最も大きく1km^{2}当たり約527人であることが特徴である（図１・表１）。

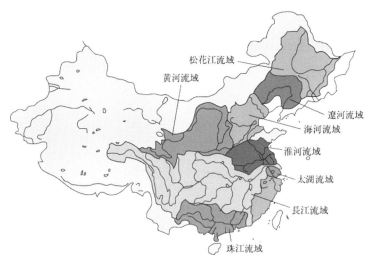

図１　中国の七大河川流域
注）太湖流域は長江流域の一部
出所）『中国水文信息網』「流域及地方水文信息」の図をもとに作成（初出：大塚2012a、図５）

表1　中国の七大河川流域

	流域面積	年平均流量 *	人口 *	耕地面積 *	人口密度	1人当たり流量	耕地面積当たり流量
	(km²)	(億 m³)	(億人)	(千 ha)	(人/km²)	(m³/人)	(m³/ha)
松花江	557180	733	0.51	10467	91.5	1437.3	7,003
遼河	228960	126	0.34	4400	148.5	370.6	2,864
海河	263631	288	1.1	11333	417.2	261.8	2,541
黄河	794712	628	0.92	12133	122.3	682.6	5,176
淮河	269283	611	1.42	12333	527.3	430.3	4,954
長江	1808500	9280	3.79	23467	209.6	2448.5	39,545
珠江	453690	3360	0.82	4667	180.7	4097.6	71,995

注)　*年平均流量以下、データは50年間の多年平均値(原典は『四十年水利建設成就──
　　水利統計資料(1949-1988)』)
出所)『中国水利統計年鑑』2021年版より作成

　このように人口密度が大きい背景として、淮河流域は農業に適した肥沃な
土壌、温暖な気候、水運を生かした交通などの好条件によって古代から社
会、経済、文化が発達してきたことが挙げられる。他方で、同流域は北方と
南方のはざまである気候遷移地域に位置することから、干ばつと洪水に頻繁
にさらされてきた。また黄河と長江の二大流域にはさまれた淮河流域は12世
紀から19世紀の約700年間にわたって黄河の氾濫地域となっていた。さらに
は近代まで多くの戦乱の地であったこともあいまって、淮河流域は中国中東
部地域にあって「欠発達地区」(発展を欠いた地域)、「谷地」(経済発展から取
り残された窪地)などと言われる状況に陥った。特に下流域北部の「淮北」
にあたる平原地域は、清から民国期に時の政治権力が一部の地域の利益を守
るために「犠牲」になり社会経済発展から取り残されたとされている(馬
2011)。このような近代中国での「犠牲」は、毛沢東率いる共産党が中華人
民共和国を建国して以降も、治水の重点流域として各種水利事業が進められ
てきたにもかかわらず、この地域の社会経済に影を落とし続けてきた(宋等
2003)。

3．淮河流域の水環境問題

　中国の水環境問題は、遅くとも全国を混乱に陥れた文化大革命の終盤にあたる1970年代には各地で報告されていた[2]。また1979年から1992年までの13年間で本流だけで160回以上もの水汚染事故が発生したとされている（水利部淮河水利委員会2007：452-458）。

　特に1994年には1年で3回もの大きな水汚染事故が発生しており、そのうち7月に発生した事故では150万人にのぼる流域住民が断水の影響を受けた（『治淮匯刊（年鑑）』1995年版：142-150：『中国水利年鑑』1995年版：225：『中国環境年鑑』1995年版：411）。

　水汚染事故はこれまで行政資料には記載されていたものの通常は国内のメディアで報道されることはなかった。その潮目が変わったのが1993年から中国共産党中央宣伝部、国務院環境保護委員会（当時の国の環境行政の調整組織。大塚［2013］参照）、全国人民代表大会環境保護委員会、国家広播電影電視部（ラジオ・映画・テレビ局）の4機関がイニシアティブをとって開始した全国的な環境保護キャンペーン「中華環境保護世紀行」であった。中国では、党・政府宣伝部門の指導と検閲、それに忖度する報道機関の自主規制によって、事件性の大きい報道は抑制されており、解決困難な問題については党・政府により内々に処理を行うことが原則とされている。ところがこの環境保護キャンペーンでは、全国的に環境法政策があっても守られていないという現実的な問題について地方政府や企業に対して国の関係機関が監督検査を行うのに並行して、事件性のある報道や違法行為の暴露を一定程度行うことを促進した。こうして環境保護に対して世論を喚起し、未解決の問題や違法行為を発掘するとともに、メディアを通した暴露という社会的制裁を加えることで問題解決を督促することが意図されたのである（大塚2002）。

　このキャンペーン翌年に発生した淮河流域の水汚染事故は国内の主要メディアが注目するところとなり、その公開報道は国の流域水汚染対策の強化につながったはずであった。しかしながらその後も流域規模の汚染事故は絶えず、1996年から2005年の間に流域4省（河南省、安徽省、江蘇省、山東省）

にて延べ961回の水汚染事故が発生しており、2000年には1年間で170回もの頻度を記録した（李・王・張2007：1）。

　このような水汚染事故が頻発した背景には、恒常的な河川水質の悪化があった。水汚染の原因としては、工場廃水、生活汚水、農地から流出する肥料や農薬などが考えられる。とりわけ淮河流域は小麦を主作物としながら、水稲栽培、綿花、搾油用作物の栽培などが盛んな農業地域であった。それが1970年代末に改革・開放に向けての経済体制改革が本格化して以降、都市だけでなく農村地域にも郷鎮企業といわれる各種工場が稼働するようになった。麦藁などを原料とした製紙パルプ工場をはじめ、多くの工場が簡易な生産施設で十分な廃水処理をせずに操業してきたことが水汚染を深刻化させた（『中国環境年鑑』1995年版：146）。さらに水汚染が深刻化した要因として、政府の対策が早くから行われてきたにも関わらず、長年にわたって効果を発揮することができなかったことも挙げられる（大塚2019：133-145）。

　こうした淮河流域の水環境問題に対して実効性のある対策がとられるようになったのは2000年代後半になってからである（大塚2019、145）。その後一連の対策強化によって淮河流域の水環境状況は一定の改善がみられるが[3]、他方で以下に記すように水汚染の深刻化・長期化による健康影響・被害対応は立ち遅れてきた。

4．健康被害の拡大

　淮河流域における長期にわたる水汚染の深刻化は、その水を直接飲用する人々の健康をむしばんできた。

　党・政府関係機関による環境保護キャンペーン「中華環境保護世紀行」が始まった矢先の1993年に、中国中央テレビ局（CCTV）の定番ニュース番組「新聞聯播」で放映された淮河の2つの支流の状況はショッキングなものであった。そこでは、上流の工業都市、漯河市で1970年代から操業を行っていた麦藁パルプの製紙工場から廃水が垂れ流されており、河川流水が黒濁して異臭を放ち魚類が死に絶えてしまったこと、流域住民のあいだで癌による死亡や奇形児が多いこと、そして流域住民らは地方や中央の政府機関に対して

問題解決を訴えているにもかかわらず、実効性のある対策がとられていないことなどが明らかにされた（哲1998a：239-248）[4]。

　以上のような水汚染に起因すると見られる癌等の健康被害についてはすでに政府関係者は認識していた（『治淮匯刊』1995年版：125-137）。この健康被害に対して政府主導で行われた対策が、飲用水源の改善事業である。とりわけ、農村地域では汚染された河川の表流水が浸透しやすい浅い井戸水を直接飲用しているところが多く、飲用水の汚染源を絶つことで健康被害を防ぐことが図られた（環境保護部2008）。さらに2004年11月から2005年6月にかけて、水利部、国家発展改革委員会および衛生部は、全国の県級政府を対象に農村飲用水安全現状調査を実施した。この調査により、全国の農村地域で3億2000万人を超える人びとが飲用水の利用に困難をきたしていることが明らかにされた。そのうち地質などの自然要因や工業汚染などの人為的要因を含めて飲用水質基準を満たさない飲用水を利用している人びとは2億2000万人以上と飲用水困難者全体の7割を占めていた（李・李2006）。

　そして2006～2010年の第11次5カ年計画期間に農村飲用水源改善事業に1053億元が投じられ、2億1208万人の飲用水源が改善対象となった。さらに2011年から始まった第12次5カ年計画では2億9800万人の飲用水源改善目標が掲げられた（水利部農村水利司2013）。こうしたなか、淮河流域においても表流水の汚染浸透がみられない深層地下水を水源とした簡易水道事業が進められた。

　こうした健康被害とそれへの対応としての飲用水源改善の現場では何が起こっていたのか。以下では「癌の村」と言われる地域での筆者によるフィールドワークの経過に沿って述べる。

5．NGO「淮河衛士」との交流

⑴　2004年8月、初めての現地訪問
　淮河流域の水汚染に関する記事に接してから10年が経ち、期せずして再び水汚染事故のニュースに遭遇した。情報源は中国の環境NGOが発信していたニュースレター「草根之声」であった。これはNGOによる独自の情報発

信の草分けであり、中英二か国語のメディアとしてメールとウェブサイトを通して発行されたものであった。その2004年7月号に「淮河衛士」という団体名で、淮河流域の上流の堰（写真1）から下流に向かって汚水が放水されたことを警告する記事が目にとまった。この記事から、淮河流域の水汚染問題は依然として深刻な状況であること、そしてその問題に取り組むNGOが活動をしていることを知り、当時開設されていたウェブサイト上のメールアドレスを通してコンタクトをとって訪問の了解を得ることができた。そして2004年8月に北京で開かれていた中国政法大学公害被害者法律援助センター（CLAPV）が主催する環境損害賠償立法国際シンポジウムのあとに研究仲間とともに現地を初めて訪問することができた（相川・大塚2009）。

　淮河衛士の活動拠点は安徽省に隣接する河南省東南部の周口市沈丘県である。同県には淮河最大の支流である沙潁河が流れる農村が広がり、省の中でも経済発展が立ち遅れ、水汚染被害が最も深刻な地域のひとつであった。まず飛行機で北京から河南省の省都である鄭州に入り、そこからタクシーを借り上げて沈丘県を訪れて、県政府の招待所に2泊した。その間、淮河衛士代

写真1　淮河最大の支流・沙潁河
出典）2004年8月周口市・筆者撮影

表の霍氏から活動の経緯、現地の様子、問題解決に向けた展望などの話をうかがうとともに、団体の仲間の紹介を受けたり、現地の村を案内していただいたりした。(写真2)

　淮河衛士は2003年10月に県科技局を通して民政局に正規の民弁非企業単位（民間非営利事業組織）「淮河水系生態環境科学研究中心」として登録されたNGO である。団体の発起人は霍氏を含めて8人で、地元の写真館経営者や新聞記者、県の人民代表、機関幹部などが名を連ねているという（後に中核メンバーは9人となった）。団体の運営は代表の家族3名を中心としながら団体の活動に関わってきたボランティアも多数いる（大塚2005：2019：155-170：淮河衛士2013年資料）。

　淮河衛士の活動は、淮河流域における水汚染被害の実態を写真として記録するとともに、写真をとおして被害の実態を国の指導層並びに広く人びとに知らしめることから始まった。霍氏は、沈丘県 H 鎮の宣伝事業に長く携わった後、フリーの写真記者として『北京皮革報』、『周口日報』などの新聞

写真2　「淮河を救う希望プロジェクト」と掲げた淮河衛士の
　　　　事務所
出典）2004年8月周口市・筆者撮影

社や雑誌社と提携して仕事をしてきた。1970年代から水汚染問題に気づき、1980年代半ばにはすでに汚染が激化してきたという。特に1999年に上流から下流に沿って水汚染の様子を聞き取り調査することで、飲用水の汚染に起因すると見られる消化器系癌の疾病が多いことに気がついた。淮河流域水汚染防治暫行条例[5]に基づき1997年末には流域すべての企業の排水基準を達成したはずの沙潁河にて、岸辺に打ち上げられたおびただしい死魚の帯など深刻な水汚染の状況を目の当たりにしたのである。その際に、政府の対策の実効性に疑問をもち、流域の水汚染問題の真相について写真をとおして解明したいと考えた。そして1999年から霍氏はフリーのフォトジャーナリストとして、中央環境行政の機関誌である『中国環境報』の支持を得て、沙潁河の上流から淮河本流の下流までの20数県を踏破し、1万点余りの水汚染状況の写真を撮影した。淮河衛士が癌の多発する村で村民を撮った写真は、CCTVといった主要メディアに取り上げられ、また環境報道関連賞も獲得した。しかし霍氏は受賞そのものに達成感を得ず、地元に帰ってからも目にする災難は変わらなかった。そこで霍氏はその賞金を癌の多発する村の人びとの飲用水確保や医療費支援などの救済活動にあてた。そして淮河衛士の活動が世間から注目を集め、より多くの人びとから技術的、資金的な支援を得ることによって、継続的に現場に関わることこそが、彼自身のなすべきことであると語ってくれた。

　私たちは現地に案内される前にまず招待所にて中国国内でCCTVが2004年8月に放映して反響を呼んだ「新聞調査：河流与村庄（河と村）」のビデオを視聴する機会を得た。そこで取り上げられた村は癌等の疾病が多発する「癌症村（癌の村）」のひとつ、H村であった。そこにはかつての美しい河の姿が失われ健康被害が多発する地域となってしまった凄惨な現実が映し出されていた。

　H村は3つの自然村からなる行政村であり、人口は2471人、総戸数は726戸であった。小麦とトウモロコシを主作物とし、村民の平均年収は800元にすぎない貧しい村であった。そんな村に1990年から2004年までの間、癌が原因で死亡した人は、死亡総数204人のうち半数以上の105人にのぼった。また2004年だけでも7月までに新たに17人の癌の発病が明らかになり、うち8人

10

が既に死んでいるという。さらに癌だけでなく、重度の視聴覚や手足の障害も多いという。（写真3）

　この村は四方を灌漑用水で囲まれており、その灌漑用水は汚染された沙潁河から引いたものであった。癌患者の居住地が灌漑用水付近に集中していることから、沙潁河の汚水が灌漑用水に流れ込み、汚染された灌漑用水が浅い井戸水に浸透し、それを常飲していた村民が消化器系癌を発病したと考えられた。CCTV 取材チームの調査と専門家の検証によると、村を囲んでいる灌漑用水の水質は、COD、アンモニア窒素などの各種指標が利水機能を損ねるほど基準超過しており、また同村の井戸水の水質は国の衛生基準を超えていた。とくに浅い井戸水には消化器系癌を引き起こすとされる硝酸塩窒素や大脳神経系に悪影響を及ぼすとされるマンガンが非常に高い濃度で含まれていた。

　この番組で、村党支部書記の王氏はCCTV のインタビューに答えるなかで次のように心境を打ち明けている。

写真3　各村の死因について自ら足を運んで調べてきた淮河衛
　　　　士代表の霍氏
出典）2004年8月周口市・筆者撮影

写真4-1，2　訪問した村はこうした汚染された水路や溜池に囲まれていた
出典）2004年8月周口市・筆者撮影

　「本当にどうしようもない。言っても仕方がない。慣れてしまった。…癌に
なったり、汚水を飲んだりするのは、毎日起きて顔を洗うのと同じでもう慣れ
てしまった。死人を埋葬し、葬式をするのも慣れてしまった。もうこんな事を
言っても仕方がない。」

　霍氏は「現地でこれまで起こったいかなる時期の災難をも越えており、戦
争、伝染病、飢饉すべて比べものにならない」としてこのような状況を後に
フォトエッセイにて「生態災難」と呼んだ（霍2005）。

　私たちはこの番組のビデオを見たあとに霍氏に現地を案内していただい
た。この時、霍氏を訪ねてきたSouth China Morning Post の香港在住の記
者と Singapore Times の北京在住の記者の2人と行動を共にした。訪れたの
は3つの「癌の村」であった。まずD村では、沙潁河から引いた灌漑用水路
が黒濁し、溜池が濁っていた。（写真4-1, 2）そうした水汚染を除けば、トウ
モロコシの穂が風に揺れ、ヤギが草を食べ、裸足の子供たちが遊んでいる、
のどかな農村風景が広がっていた。私たちはその村で紹介された63歳になる
村民の話をうかがって改めてそこが癌の多発する村であることを認識した。

⑵　**2005年7月、2度目の訪問**
　淮河衛士の活動地域への2回目の訪問は、もう一人の研究仲間とともに

2005年7月に行った。今回は上海から鄭州に飛び、鄭州からは前年と同じ運転手のタクシーで約3時間かけて沈丘県H鎮に入った。その時得られた知見としてはまず、消化器系の癌の多発や死亡といった深刻な健康被害の状況はそれほど大きく変わっていなかったことである。特に今回初めて訪問したX村は、深井戸や濾過装置などの措置が全くなく、前年に訪問したH村と同様、重苦しい空気に包まれる中、家族が癌患者の懸命な介護にあたる姿に言葉が出なかった。霍氏によると、汚染された井戸水を常飲することに起因すると思われる癌が多発する村は100行政村以上にのぼり、地図で沙潁河流域における任意の村を指して現地に行けばそうした状況に必ず巡りあうという。(写真5)

　その一方で、D村では各家庭に浄水器が設置され、H村では念願の深井戸を水源とする簡易水道が敷かれているなど、より安全で清浄な水の供給が進んでいる様子であった。H村では前回に比べて村の人たちの表情も明るく、少し希望を持てたことは救いであった。H村の医師によれば、癌の発

写真5　汚染された井戸水。村人はこうした水を直接飲用していた。
出典）2005年7月河南省周口市・筆者撮影

症率の変化は見られないものの、感染症は明らかに減ったという。

　この時改めて考えさせられたのが、農村における医療体制の不備であった。例えば、H村の医師によると、固定給はなく、また医療サービスを提供しても貧しい村民は対価を払えないことも少なくないと話していた。また癌の治療となると都市部の専門医院に行き多額の治療費を払わなければならず、出稼ぎ収入などがある村民であっても負担は大きいという。さらに、これだけ流域村落で消化器系の癌が多発しているのにもかかわらず、淮河衛士によるものを除いて、調査が行われている気配はなかった。霍氏によると定期的に健康診断を受けることができる村民は村営企業の経営で成功しているDW村以外にないという。もし、村民への健康診断や疾病の流行に対する公的機関による調査などが早くから行われていたとすれば、流域村落における疾病の大流行は防げたのではないかと考えられた。

　他方、淮河衛士の活動については、これまでの現場での調査・実践から、メディアを通した社会的影響力の拡大や政策決定過程への参加といった新しい側面が見られることも注目された。特に水利事業の一環として、農村飲用水源改善事業が沙穎河流域村落で開始され、22の村でH村のような深井戸を水源とする簡易水道の設置が政府事業として進められていた。ただ、D村ではポンプの電源部分が早くも故障していたり、各家庭への水道管は自己負担となっていて、しかもその負担額は村民の平均年収に匹敵する程度のものであることから、末端まで普及が進んでいなかったりするなどの問題点が見られた。(写真6-1,2)

　また霍氏によるとメディアに現地の問題が取り上げられることで企業幹部の態度も多少変わったものの、当時すでに工業汚染源からの汚染物質の基準超過排出が禁止されていたはずのところに明らかに廃水が未処理のまま垂れ流されているという現場があるというので案内していただいた。そこは農地のあぜ道を通った先にある小さな水路の河口であった。霍氏がペットボトルですくって見せた茶色の廃水は生温かで工場からの廃水が原水のまま流されているような状態であった。(写真7-1,2)

　淮河衛士の今後の活動について、霍氏は訴訟を提起することに対しては一貫して慎重な態度を崩さなかった。その理由としては、汚染と疾病の因果関

14

写真6-1，2　D村にて地元政府が設置した簡易水道。電源装置が壊れていて水道が止まっていた

出典）2005年7月周口市・筆者撮影

写真7-1，2　隠れた用水路から色のついた生温かい未処理と思われる廃水が垂れ流されていた

出典）2005年7月周口市・櫻井次郎氏撮影

係をひとつとっても問題が大変複雑であることが容易に想像されること、淮河衛士のキャパシティの限界に加えて、同じ流域の企業・行政と住民という関係の中で、淮河衛士の活動そのものが抑圧されないようにしなければならないという配慮があるように思われた。当面、現場での実践、メディアを通した影響力の拡大、そして上層部への陳情を活動の重点を置くとのことであった。霍氏はむしろ、企業、政府、NGO（淮河衛士）による協議の場の設置を提案していたものの、汚染企業と政府との癒着が疑われるなかでは、す

ぐには実現することは難しいと当時は思われた。

(3)　2005年11月、9名のチームでの訪問

　2004年8月と2005年7月の2回の訪問を経て筆者は一橋大学の寺西俊一教授（現名誉教授）の発案で、医師として水俣病研究に長年貢献されてきた熊本学園大学の原田正純教授（故人）とともに現地訪問を事前に計画し、日本の研究グループと霍氏との現地交流が実現した。医学、経済学、法学等を専門とする日本の環境問題研究の第一人者の先生方と私を含む若手の研究者からなる計9名のチームで淮河衛士の活動現場を訪問した[6]。（写真8）

　そこで印象的だったことは第一に、流域最大の汚染源とされる蓮花味精集団のアミノ酸製造工場から排出された残渣が野天に山積みになっていたり、どぶのような色になった川に死んだアヒルや豚が流れていたりと、水環境汚染が目に見えて深刻な様相を示していたことである。（写真9-1、2）第二に、霍氏の案内で村の水環境状況を視察するとともに地元の医師や村人から癌等の疾病の状況について詳しい話を聞けたことである。水俣病問題の解決に長年携わってきた医師である原田教授は、消化器系癌だったり、骨粗鬆症

写真8　癌の村を歩く
出典）2005年11月周口市・藤田香氏撮影

16

写真9-1, 2　汚染された水路で死んだ家畜。一人の村民がそれを持ち帰ろうとしていた
出典）2005年11月周口市・藤田香氏撮影

写真10　村人から話を聞くメンバー
出典）2005年11月周口市・藤田香氏撮影

　のような症状だったり、先天性の脳疾患があると見られる子供たちを診て、これは「淮河病」と言わざるを得ないと述べた。（写真10）第三に、癌の村と言われるところで井戸水を汲んで水の色を見たりにおいをかいでみたりしたところ、同じ村でも家によって水質が異なることであった。その際に詳し

い検査は行っていないが、どうしてそのような近い場所で地下の水質に違い
が出るのかについては今に至っても謎につつまれたままである。

　以上のような現地の状況を把握するとともに、日本の研究チームと淮河衛
士の間で今後の協力について夕食をはさんで夜遅くまで話し合いがもたれ
た。しかしながら、日本の研究チームが現地で見た惨状は想像以上であっ
た。このたびの訪問の発案者であった寺西教授もまた、「淮河汚染の現場を
見て、日本の我々はどういうことをすれば、この淮河汚染の問題の解決に貢
献できるのか、率直に言って、絶望的な気分になるほど、そこでは非常に重
い現実にぶつかりました。今後、どうやって中国と日本、さらにはアジア的
な広がりでの国際的な共同研究がやれるか、もの凄く重い荷物を背負って」
日本に戻ってきたと述べている（大塚他2006：38）。

(4)　閉ざされたフィールド、協力の模索

　こうして日本の研究チームと淮河衛士の間で今後の協力を模索しはじめた
矢先の2005年12月にドイツ人記者が公安に拘束され、開かれていたフィール
ドはしばらく閉じられた。それは、現地政府にとって水汚染被害の実態を外
に向けて明るみに出すことに対する不快、警戒、拒絶等を示唆するものとし
て関係者に受け止められた。霍氏は、それ以降しばらくの間、私を含めて外
部者が現地に入ることを謝絶した。外国からの訪問者だけでなく国内の
ジャーナリストも現地入りが難しいとのことであった。時には電話も通じな
い時期もあった。

　その時から、現地の水汚染被害問題は、他地域も含めて、広く「政治的に
敏感」な問題として認識されるようになった。この背景には、2005年11月に
松花江で起きた工場の爆発事故をめぐって、事故発生に伴う松花江の水汚染
の事実を環境行政部門が隠蔽していたことに対して、当時の国家環境保護総
局長が引責辞任を迫られたという事件があったと考えられている（廣瀬・相
川2009：177-178）。

　このような外部者が現地に入ることが難しい状況が続くなかでも、日本の
研究グループは淮河衛士との協力関係を模索していた。2006年9月初旬に熊
本学園大学と日本環境会議の共催により第1回「環境被害に関する国際

フォーラム」[7]が開催された際に、淮河と水俣をつなぐ一歩として、淮河衛士代表を招聘すべく手続きを進めていた。しかしながら中国から出発直前になって霍氏からキャンセルをする旨が日本側に伝えられた。他方でその後も西安市（2006年9月）や新潟市（2008年10月）にて日中韓NGOによる市民会議などで日本の研究者やNGO関係者との交流は続いた（廣瀬・相川2009）。

6. 再開したフィールドワーク

(1) 再び開かれたフィールド

2011年3月11日に起きた東日本大震災は、私たち日本列島に住むものだけでなく、海を隔てて遠く離れた人々にも衝撃を与えた。大震災の翌日に思いがけず淮河衛士代表の霍氏からメールをいただき「この災難は日本だけでなく人類の災難だ」という「災難」というキーワードに触れて、淮河流域の生態災難の現場と日本の大震災の現場が地続きになっているという認識を新たに持った。

同年9月に東京で開かれた日中韓の環境NGOが一堂に会する「東アジア気候フォーラム～低炭素東アジアをめざして～」に参加したところ、中国の環境NGOからの参加者の中に淮河衛士の中核メンバーの一人がいて会話を交わす機会があった。現地の状況はよくなってきたということだったので、再び行きたい旨を伝えたら、「歓迎する」という返事であった。そうして再訪に向けて準備を進めることになった。

(2) 見え始めた淮河衛士の活動の成果

閉ざされたフィールドに再び入ったのは2012年8月から9月にかけて江蘇省を経て河南省まで淮河流域をめぐる調査を行った時であり、最後に訪れたのが淮河衛士の活動現場であった。ここを訪れるのは実に7年ぶりであった。この時の訪問では事態が好転に向かう兆しがいくつか見られた。ひとつは、これまで廃水の違法排出を続けていた主要企業が国、省政府の排水基準を遵守することについて淮河衛士と紳士協定を結び、情報公開プレートを掲げて住民から広くモニタリングを受けることを表明していることであった。

写真11　淮河衛士の環境情報公開プレートを掲げた蓮花集団の
工場
出典）2012年8月周口市・筆者撮影

（写真11）かつて日本の味の素の子会社であった蓮花集団（なお、日本の味の
素は蓮花から資本撤退したのち、独資企業（中国資本企業）として近くに工場を
設立していた）と皮革業を行っている河南博奥皮業有限公司を訪問すること
ができた。この紳士協定と情報公開を「蓮花モデル」と称して流域及び中国
全土に普及したいとのことであった。
　こうして現地の状況が改善されるようになったのは国による規制が強化さ
れた2007年になってからであるという。国の姿勢に呼応するかたちで、淮河
衛士は企業排水モニタリング活動について国との連携を図るようになった。
2008年7月に同団体は沙穎河で死魚や泡沫がみられることから、流域のいく
つかの地点に配置した排水モニタリングの監督員をとおして沙穎河から汚水
の一団が流下して下流に影響を与える危険性を察知し、淮河水利委員会に通
報し情報提供を行った（霍2010）。また同団体は、2010年2月の春節期間に、
監督員をとおして上流の企業の排水垂れ流しを突き止め、追跡調査を行うと
ともに、環境保護部に通報し、違法排水を制止したという（金2010）。淮河衛

士の環境保護監督員によるモニタリングは、あくまで目や鼻など人間の五感に頼るものであるが、同団体が淮河流域に配置したモニタリング地点は計8カ所あり、流域延べ800キロメートルをカバーしているという（肖 2012）。

　このように現地情勢が好転してフィールドが開かれたものの、その後も別の研究グループが現地 NGO とともに癌の村を訪問していた際に、現地公安から事実上追い出されたことがあり、必ずしも外部からのフィールドワーク自体が歓迎されるようになったわけではなかった。

(3)　飲用水生物浄化装置の建設と普及

　この時、一時フィールドが閉ざされていた間にも、淮河衛士は現地で水汚染被害問題への取り組みを継続し一定の成果が出はじめていたことを知ることとなった。この間に具体化した取り組みとして、飲用水生物浄化装置の開発があった。これは、日本在住の中国人エンジニア（専門は電気工）の金氏が先述した2004年8月に CCTV が放映した「癌の村」に関する調査報道を日本の衛星放送で見て、何か役に立つことができないかと現地に行ったことが始まりとされる。金氏が NGO に提案した飲用水生物浄化装置の原理は、中本信忠・信州大学名誉教授が「生物浄化法」としてウェブサイトで公開していたものであった（大塚2020）。「生物浄化法」は日本の NPO 法人・地域水道支援センター創設者の中本信忠教授らが推進する微生物による自然浄化機能を重視した緩速濾過法である（中本2005；保屋野・瀬野2005）。これは19世紀に下水が流入してどぶ川と化したテムズ川からの給水を可能にした技術である。日本においては歴史的・制度的要因から必ずしも主流の浄水技術とみなされてこなかったものの、日本の一部浄水場、小規模集落水道、途上国への技術援助等において実績がある「成熟技術」である（中本2021）。淮河衛士は2013年8月時点でこの装置を24箇所に設置し1万人余りの人びとが浄化された水を飲むことが出来るようになったという。

　金氏による現地での指導を得て、淮河衛士が自己資金で第1号の装置を建設したのが2008年であった。3つの筒状のコンクリート製の土管を縦に並べて、粗ろ過→緩速ろ過（生物浄化法）→配水という機能を持たせているものであった。給水能力は1日あたり6tと小規模であるが、500人規模の村の飲

用水をまかなうことができる。装置はある村人の庭に設置しており、そこに他の村人たちが汲みに来るようになっていた。この水源と浄水の水質検査の結果によると、発癌性物質を生成するとされている硝酸塩濃度が20分の1近く削減されていた。

　以前私はこの飲用水生物浄化装置のアイデアについて南京や北京等でNGO代表と交流する中で知り、2009年に霍氏の要請を受けて北京出張の際に日本国大使館に草の根・人間の安全保障無償資金協力事業への申請を仲介したことがあったが、採択には結び付かなかった。そこで改めて2012年8月の調査で実地に見聞した飲用水生物浄化装置への支援の可能性を探るべく、2013年3月に再度装置の設置状況について淮河衛士と現地における協働調査を行った。訪問した7村の人口及び装置の規模に多少の違いがみられるものの、15〜40メートルの比較的浅い井戸水を水源としていること、1日1人当たりの飲用水を供給するには十分なスペックであること、建設費が比較的安価であることなどを確認できた。

　この時の調査をふまえて2013年10月に在北京日本国大使館の環境担当官とともに現地視察を行い、草の根無償資金協力事業につなげる可能性を探った。とくにこの時の調査では、飲用水生物浄化装置がまだ導入されていない地域を重点的にまわり、水質の悪化状況や疾病状況について把握するとともに、何らかの対策を至急取るべき状況を理解することができた。そうして2014年3月には淮河衛士の飲用水生物浄化装置の建設に関する草の根無償協力事業が正式にスタートするまで漕ぎつけることができた。

　こうして淮河衛士は日本国大使館を含む国内外の資金援助を得て癌の村での飲用水生物浄化装置の開発と設置を行い、2018年7月の時点で38村に計44基を設置することに成功した。そのうち7基は日本国大使館による草の根無償資金協力事業により建設されたものである。（写真12）それ以降私は、2014年11月、2015年11月、2016年5月、2018年7月と飲用水生物浄化装置の設置・運営状況に関する追跡調査を淮河衛士とともに協働で行った。このうち2016年5月にはこの装置の原理の発案者である中本教授、その教授のアイデアを現地に持ち込んだ金氏とともに協働調査をする機会を得て、装置の設置・運営状況を実地で見ながら、具体的な改善策や対応策について話し合い

写真12　草の根無償資金協力による飲用水生物浄化装置
出典）2014年11月周口市 XW 村・筆者撮影

写真13　飲用水生物浄化装置協働調査①
出典）第一号機の装置管理人に改善点を説明する金氏と写真を撮る
　　　霍氏（2016年 5 月周口市・筆者撮影）

写真14　飲用水生物浄化装置協働調査②
出典）装置の水槽の状態を確認する中本教授
（2016年5月周口市・筆者撮影）

を持つことが出来た。（写真13-14）
　一連の協働調査によっていくつか発見があった。ひとつは、飲用水のほか洗濯や風呂に使う生活用水は（管理人以外）浄化装置ではなく井戸水をそのまま使うか、政府事業で整備された簡易水道を使っているということであった。簡易水道があっても飲用水生物浄化装置による水を使う理由として、淮河衛士や村人らは政府事業による深井戸の簡易水道よりも浄化装置による給水のほうがおいしいと異口同音に語っていた。
　ただ生物浄化装置での微生物の活性化には一定の時間が必要であることに注意が必要である。しかも同じ村であっても水源とする井戸水の成分が微妙に異なっていると考えられることから（先述したように実際に原水の味や臭いに違いがある）、それぞれの装置に必要とされる微生物群も異なり、浄水の味

も異なってくる。また原水の汚染の程度がひどいと生物浄化装置だけでは浄化できず、さらに膜処理を行う必要があるところもあった。また装置の性能だけでなく、維持管理をどうするか、現在無償で提供している給水に対して費用を徴収するかどうか、NGOだけでは限界があるため深井戸による簡易水道整備を進めている政府事業に対して飲用水生物浄化装置を組み込むことはできないのかなど、多くの課題を抱えていた。とはいえ政府事業による簡易水道の水質に村民が依然として不満を持つなか、この生物浄化装置が元々水源としていた井戸水を使いながら、当面の村人の飲用水問題の解決に希望をもたらしたことは間違いあるまい。

7. 残された課題

　最後に残された課題について触れておきたい。健康被害の実態については淮河流域のみならず全国各地で癌の村の存在が報道で明るみになったのを受けて、国務院総理が衛生部と国家環境保護総局（現国家衛生健康委員会と生態環境部）に対して淮河流域における水汚染と癌多発との関係に関する調査を指示し、中国疾病予防コントロールセンター（CCDC）が中心となって3県268万人を対象にした大規模な疫学調査を実施した（『中国衛生年鑑』2006年版：181-182）。上・中・下流から対象となった3県のうち上・中流2県では、以前は癌の低発生地域であったのが調査当時は多発地域に転じていたこと、また癌死亡率については河川沿岸住民が対照地域住民に比べて高いことをつきとめた。さらにCCDCは流域14県に対象をひろげ、癌に関する住民健康モニタリングシステムを構築しつつ詳細な疫学調査を実施し、2009年には報告書をとりまとめたとされる。しかしながらCCDCが主導したこれらの疫学調査結果の詳細については、癌予防対策にいかされたとされているものの、公表されていない。

　CCDC主導の国による疫学調査の結果が公表されないなか、『淮河流域水環境・消化器系癌死亡地図集』が2013年に中国地図出版社から公刊された（楊・庄2013）。これは第11次五カ年計画期間（2006〜2010年）の国家科学技術サポート計画課題の一環として実施された科学研究プロジェクトの成果の一

部である。この調査で主に明らかにされたことは、14県のうち8県にて肝臓癌、胃癌の死亡率が全国平均に比べて低かったのが、全国平均よりも高くなり、さらにそれら死亡率の上昇スピードも全国平均よりも数倍高くなっていたことである。しかもこれらの地域は水汚染が長期にわたって深刻な流域沿いに位置すること、また一般的な癌の危険因子の影響を排除できることも確認された。こうして流域の水汚染と消化器系癌の間に一定の相関関係があることが実証された。ただし、病理学的メカニズムについて解明が待たれるとして厳密な因果関係の存否については保留とした。

　また一連の疫学調査を実施するにあたり、CCDC調査リーダーが水汚染の激化により癌多発がみられる地域で活動する淮河衛士代表の霍氏から聞き取りを行ったことが注目される。霍氏は1999年から流域の癌の村の現場に自ら足を運び、村人や村医から話を聞きながら、消化器系癌等の多発が水汚染に起因することを確信していた。このような長年の現場での実践を通して得た知見が、楊氏らによる疫学調査の「エビデンス」を収集するにあたり重要な役割を果たしたと考えらえれる（大塚2019：167）。

　現在中国では、国の環境規制の強化によって本流を中心に河川水質が改善に向かうとともに、国による深井戸を掘削した簡易水道の敷設やNGO淮河衛士による浅井戸を直接、緩速濾過の技術で浄化する飲用水生物浄化装置の設置等によって、癌の発症率が低下しているとされる。他方で村民やNGOから簡易水道の水質への不満や深井戸の水位の低下、フッ素中毒の危険性等も指摘されている。癌発症率の低下にはそれら設備の普及がどのように貢献しており、またそれぞれどのようなメリット・デメリットがあるのか、このような問題の検証にも、地域住民の声を踏まえた疫学調査の活用が望まれるところである。

　また淮河流域に限らず環境汚染による健康被害問題全般について、被害の現場を知る現地支援者や研究者から、被害当時者への口封じや救済へのあきらめなどによって被害問題の社会的風化や忘却が進んでいるとの声が聞こえてくる。目に見える環境状況の改善の一方で健康被害問題がこのまま埋もれていくことにならないか懸念されるところである。さらに第3回環境被害に関する国際フォーラム（2019年2月熊本県）にて霍氏がフロアーとの質疑応

26

答でも明らかにしたように、水汚染に伴う健康被害の因果関係についての研究成果が公表されていないことに加えて、被害者や支援する NGO 側も被害補償や責任の追及ができていないこと、土壌へ蓄積されていると考えられる汚染問題については実態解明も含めて未着手であることなど、多くの課題が残されたままである。

注

1） 本章は既発表の拙稿・拙著（大塚2001；2002；2005；2012a；2012b；2015a；2015b；2019；2020）をもとに再構成・加筆修正したものである。なお北京での在外研究期間中の淮河流域の訪問については大塚（2001；2015b）を参照。

2） たとえば北京市の官庁ダムで採れた魚の異臭事件、松花江の支流での魚の大量死と水俣病類似症状の発生などの記録を参照（中国環境保護行政二十年編委会1994：3-6）。

3） 淮河流域の水環境の変化については中華人民共和国生態環境部「中国生態環境状況公報」を参照。

4） この報道の元になったのは河南医科大学の教授らが黒河流域で行った一連の疫学調査であった（劉等1995；王等1999）。他に淮河流域の水汚染被害の実態に肉薄したルポルタージュとして陳（1995）、哲（1998b）、Economy（2004）も参照。

5） 1995年に国務院から発布・施行され、1997年末までにすべての工業汚染源の排出基準達成等を義務づけた（大塚2019、140-142）。

6） 9名のメンバーは、原田教授と寺西教授のほか、富樫貞夫教授（一般社団法人水俣病センター相思社理事長）、礒野弥生名誉教授（東京経済大学）、藤田香教授（近畿大学）、相川泰准教授（公立鳥取環境大学）、櫻井次郎教授（龍谷大学）、山下英俊准教授（一橋大学）の各氏である（肩書きは現在）。このうち相川氏が2004年8月に、櫻井氏が2005年7月に現地訪問に同行した。

7） 『環境と公害』第36巻3号（2007年1月発行）の関連特集記事を参照。

参考文献

〈日本語〉

相川泰・大塚健司［2009］「拡大深化する被害者支援の民間国際交流──『環境被

害の救済と予防に関する日中国際 WS』と関連事業」中国環境問題研究会（編）
　　『中国環境ハンドブック2009-2010年版』蒼蒼社　200-210

大塚健司［2001］「中国／水源の不足と汚染のなかで」『アジ研ワールド・トレン
　　ド』第73号　3-5

大塚健司［2002］「中国の環境政策実施過程における監督検査体制の形成とその展
　　開——政府、人民代表大会、マスメディアの協調」『アジア経済』43(10)　26-
　　57

大塚健司［2005］「中国淮河流域再訪——水汚染被害の現場からの問い」『現代社
　　会の構想と分析』第 3 号　93-107

大塚健司［2012a］「中国の水環境問題」『地理・地図資料』2012年度 2 学期②号
　　帝国書院

大塚健司［2012b］「中国淮河流域における水環境行政の形成と発展」『アジア経
　　済』第53巻第 1 号　35-58

大塚健司［2013］「国務院環境保護委員会の組織と活動——中国における環境行政
　　の総合調整の発展をめぐって」寺尾忠能編『環境政策の形成過程——「開発と
　　環境」の視点から』31-62

大塚健司［2015a］「中国の水汚染被害地域における政策と実践——淮河流域の
　　『生態災難』をめぐって」大塚健司編『アジアの生態危機と持続可能性——
　　フィールドからのサステイナビリティ論』アジア経済研究所　237-274

大塚健司［2015b］「中国水環境問題研究の20年——フィールドからの模索」『水資
　　源・環境研究』28(2)　109-113

大塚健司［2019］『中国水環境問題の協働解決論——ガバナンスのダイナミズムへ
　　の視座』晃洋書房

大塚健司［2020］「中国の村々を救う小さな『飲用水生物浄化装置』」地域水道支
　　援センター編著『小規模水道のつくり方——SDGs への道』特定非営利活動法人
　　地域水道支援センター　67-70

大塚健司・寺西俊一・原田正純・山下英俊・礒野弥生［2006］「中国の公害被害解
　　決をめぐる状況と日本の協力」『環境と公害』第36巻第 1 号　36-44

中本信忠［2005］『おいしい水のつくり方——生物浄化法 飲んでおいしい水道水復
　　活のキリフダ技術』築地書館

中本信忠［2021］『おいしい水のつくり方——2』一般社団法人千曲会

廣瀬稔也・相川泰［2009］「日中韓環境 NGO 交流の新展開」中国環境問題研究会

編『中国環境ハンドブック2009-2010年版』蒼蒼社　171-186

霍岱珊（フォ・タイシャン）［2005］（大塚健司訳）「淮河『生態災難』の村々に焦点をあわせて」『アジ研ワールド・トレンド』(122)　11月　40-43

保屋野初子・瀬野守史［2005］『水道はどうなるのか？──安くておいしい地域水道ビジネスのススメ』築地書館

〈中国語〉（ピンイン順）

陳桂棣［1999］『淮河的警告』北京 人民文学出版社

環境保護部［2008］「関於印発《淮河、海河、遼河、巣河、滇池、黄河中上流等重点流域汚染防治規劃〈2006-2010〉的通知》」2008年４月14日

霍岱珊［2010］「淮河守望──一生的事業」『緑葉』2010年　第４期　75-80

金立達［2010］（淮河衛士撮影）「守衛淮河十二戴──霍岱珊和淮河衛士」『社会与公益』2010年　第２期　48-51

李代鑫・李仰文武［2006］「囲繞社会主義新農村建設，搞好農村飲水安全工作」周英主編『2006中国水利発展報告』北京　中国水利水電出版社　116-121

李雲生・王東・張晶主編［2007］『淮河流域"十一五"水汚染防治規劃研究報告』北京　中国環境科学出版社

劉華蓮・王暁・楊建勛・韋俊萍・呂鳳臣・李高昇・曹広華［1995］「黒河汚染及其対人群健康効応影響的研究」『河南医学研究』4(2)　133-135

馬俊亜［2011］『被犠牲的"局部"──淮北社会生態変遷研究』北京　北京大学出版社

水利部淮河水利委員会・《淮河誌》編纂委員会編［2007］『淮河誌　第六巻　淮河水利管理誌』北京　科学出版社

水利部農村水利司［2013］「2012農村飲水安全工作進展」李国英主編『2013中国水利発展報告』北京　中国水利水電出版社　168-169

宋豫泰等［2003］『淮河流域可持続発展戦略初論』北京　化学工業出版社

王暁・呂文戈・巴月・李高生・竇桂栄・付淑麗・劉華蓮［1999］「黒河上蔡段河水及飲用水的致突変正性」『河南医科大学学報』第４期　36-38

肖君［2012］「霍岱珊──那深情注視淮河的眼晴」『環境』第９期　41-44

楊功煥・庄大方主編［2013］『淮河流域水環境与消化道腫瘤死亡図集』中国地図出版社

哲夫［1998a］『中国档案　上巻──高層決策写真』北京　光明日報社

哲夫［1998b］『中国档案　下巻——新聞曝光的背後』北京　光明日報社

『治淮匯刊（年鑑)』1995年版 水利部淮河水利委員会編印

中国環境保護行政二十年編委会［1994］『中国環境保護行政二十年』北京　中国環境科学出版社

『中国環境年鑑』1995年版《中国環境年鑑》編輯委員会編　北京　中国環境年鑑社

『中国水利年鑑』1995年版 中華人民共和国水利部編　北京　中国水利水電出版社

『中国水利統計年鑑』2021年版 中華人民共和国水利部編　北京　中国水利水電出版社

『中国衛生年鑑』2006年版《中国衛生年鑑》編輯委員会編　北京　人民衛生出版社

中華人民共和国生態環境部「中国生態環境状況公報」
https://www.mee.gov.cn/hjzl/sthjzk/zghjzkgb/

〈英語〉

Economy, Elizabeth C. ［2004］ *The River Runs Black: The Environmental Challenge to China's Future*. New York: Cornell University Press.（片岡夏実訳『中国環境リポート』筑地書館　2005年）

II

中国・貴州省石漠化地域を歩く

藤田　香

1. フィールドの大切さ：経験することは学ぶこと

　わたしはこれまでに多くの学問の師から現場主義の大切さを学んだ。現場には地域の問題や課題を解決するための糸口が隠されていたり、地域の問題や課題を解くためのカギやそこでしか得られない「生の」情報があったりする。絶えず現場に足を運ぶことにより、思いがけずそのヒントをみつけることもある。科学的な知識と現場でふれた感覚を重ね描き、現場の声なき声に耳を傾け、かかわることで世界はひろがる。本章では、わたしがなぜ中国の水環境問題の現場に行き、観察し、経験し、議論し、そして現場を理解してきたのかを通じて、読者のみなさまに現地に思いをはせ、本書を携え、おもむいていただけることを願う。

2. 中国水環境問題にふれる

　そもそもわたしが研究者として中国の水環境問題にかかわるきっかけは、2004年の中国をフィールドとした水環境・流域ガバナンスに関する日本、中国、アメリカの3カ国による国際共同研究であった[1]。翌年、上海の環境被害救済についての研究集会（第3回環境被害救済日中国際ワークショップ）に参加した後、寺西俊一教授（当時、一橋大学）の発案で、医師として水俣病研究に長年貢献された原田正純教授（当時、熊本学園大学、故人）らとともに、淮河流域の現地調査に同行させていただいた（1章を参照）。そこで、中

国で環境問題に取り組む非政府組織（NGO）「淮河衛士」の代表である霍岱珊氏らと交流し、深くかかわるようになった。霍氏はそののち2010年にアジアのノーベル賞といわれるマグサイサイ賞（マグサイサイ・フィリピン元大統領にちなんで創設され、アジアで社会貢献した個人や団体に授与される）を受賞した。医学、経済学、法学を専門とする日本の環境問題研究の第一人者の先生方と若手研究者からなる9名のチームによる淮河流域での現地調査の経験から学ぶことは実に多く、現場主義の大切さと学際的な研究の重要性を実感する貴重な機会となった。

　淮河流域の現地調査では、霍氏の案内でいくつかの村を調査した。一見すると水と緑が豊かでのどかな農村風景がひろがるが、村々で村人たちに話をきくと、上流に工場が進出してから、収穫される野菜の出来が悪くなり、村人たちにさまざまな病気があらわれたそうだ。すると、村の周辺地域で「あの村は汚染されている」と風評被害がひろがり、村で収穫された野菜は町にもっていっても売れず、売れても二束三文で買いたたかれることで、村人たちの生活は次第にきびしくなっていったという。働き手の多くは村を出て出稼ぎに行ってしまい、村に残されている大半の人は病人、老人そして子どもたちであった。「身体によくない」と感じていても、農民は移動の自由を認められていないため、汚染された水を使用し、そこでくらすしかない。また村のメインストリートを歩くと左右のレンガ造りの家は取り壊されている。「なぜ取り壊されたかのか」と質問すると「がんで一家全員が亡くなり、その家が「不吉」だから取り壊した」という。

　わたしたち研究チームは毎夜、調査結果を共有したうえで地域の課題を洗いだし、公害を経験している国、日本の研究チームとして、今ある問題を少しでも軽減したり、解決したりするためには、目の当たりにした現実に対してどのように研究者としてかかわるのか、どのような支援が可能なのか、このことをどのように国際社会に伝えるのか、議論を交わすことになった。この調査が中国の環境問題の現場に足を踏み入れるきっかけとなり、それ以降、中国の現場にふれ続けることになろうとは、当時、思いもよらなかった。

　研究チームで「がんの村」が点在する地域を巡回していた時、原田正純教授がさまざまな疾病が流行している状況を目の当たりにして、「これは淮河

病だ」とおっしゃられたことは今でも忘れることができない。わたしたちが
目の当たりにした現場での問題の解決への道のりは、ながくて遠いことが予
測されたが、ふれあう人々、何より霍氏はかつて泳ぎ、遊んでいた川の様子
を懐かしそうに話しながら、水問題を解決し、村人の生活が少しでも改善さ
れるために、決してあきらめず、希望をもって活動していた。

　研究チームで村人たちから話をうかがい、交流するなかで、かつて水俣を
訪れ、はじめて原田正純教授と交流し、「乙女塚2)」でおこなわれた水俣病
犠牲者慰霊祭のお手伝いした日々をふりかえりながら、水をめぐる環境問題
が、自然、人、地域、社会にさまざまな分断をもたらすこと、水俣をめぐる
問題は歴史ではなく、わたしたちの社会が地域と時間を越えて、自分事とし
て何ができるか、考え続けなければならない、忘れてはならない問題である
ことを再認識することとなった。経済成長の光と影のうち、影の部分が環境
問題であるならば、これは古くて新しい課題であると同時にわたしたちの身
近に起こる問題でもある。研究者として、現場にふれてみたい、これからの
社会について考えてみたい、という思いが今に続いているのかもしれない。

3．なぜ貴州省なのか

　貴州省（原語のピンインでは Gùizhōu、英語では Guizhou）を知ったのは、
2005年に当時、所属していた桃山学院大学の地域社会連携研究プロジェクト
で、中国農村部における貧困と環境問題にかかわる地域研究をすすめようと
した時であった3)。

　当時、中国は急速な経済発展を遂げている一方で、沿海部と内陸部、都市
と農村、さらには都市内部と農村内部におけるさまざまな格差が拡大してい
た。「第11次五カ年計画（2006-2010）」によると、「先富論」の限界が示唆さ
れており、今後の中国は沿海部と内陸部の所得格差問題などにみられる貧困
と経済至上主義の間で生じるバランスを欠いた成長の弊害をどのように克服
し、エネルギー問題を含めた循環経済の構築に視座をおく「調和のとれた社
会」を実現するのかが緊喫の課題となっていた。しかしながら依然として中
国内陸部、特に少数民族地域と中山間地域の農村の貧困問題が深刻であり、

これらに対して、中国政府はもちろんのこと、世界銀行など海外からの中国貧困削減援助計画の大部分はこうした地域に向けられていた。日本においても国際協力機構（JICA）の対中協力や国際協力銀行（JBIC）の円借款の対象事業についても内陸地域へのシフトがみられた。

　他方、中国政府は全国で顕在化してきたさまざまな環境危機に対して1990年代から環境政策を強化しているものの、2000年代に入ってからも水の汚染と不足の激化、エネルギー危機の到来などの資源・環境問題に苦慮していた。とりわけ内陸地域においては相対的に行政体制の立ち後れが目立ち、また地方政府による開発主義志向が蔓延するなか、地域における環境資源の持続可能性が脅かされていた。さらに内陸の農村地域では、医療、衛生、福祉、教育などの基礎的な社会サービスの空白が環境汚染被害の拡大を許しており、公害病と疑われる健康被害が長期化している地域に対しても、有効な調査、対策がおこなわれていない状況があった。

　貴州省は、中国の沿海部が経済成長を遂げるなかで、成長から取り残された中国西南部の内陸地域のなかでも、とりわけ統計上、中国で最も貧しい地域であるとともに、中国最大の少数民族地域であった。2000年代の貴州省には、このような格差、貧困、環境破壊といった中国の経済発展の負の側面が集中してあらわれていたのである[4]。

　なぜ、貴州省に中国の経済発展の負の側面が集中していたのか。その主たる要因は以下の3つであった。

　第1に貴州省の地理的条件である。貴州省は雲貴高原東部を占め、平均海抜1100メートル、面積の93％が山地または丘陵地で平地が少なく、62％が石灰岩の浸食でできたカルスト地形であるため、土地もやせていた。このため、農業生産力が低く、交通も不便で、農村部での貧困が深刻であった[5]。

　第2に少数民族の人口比率が高いことである。貴州省には現在約4080万人（中国国家統計局編：2022）がくらすが、苗族・布依族・侗族・土家族など多くの少数民族が居住し、当時、総人口に占める少数民族の割合は38％に達していた。こうした少数民族は主に農山村に住み、所得水準が低いことや文化的な背景から、識字率や教育水準も一般に比べて低かった。また少数民族に対しては計画出産の制限がゆるいため、子どもの数が多い。このことがさら

に貧困を招く場合も多くあった。当時の貴州省には全国で592あるうちの50のいわゆる「国定貧困県」があった。そのほとんどは少数民族が多くくらす地域であった。当時、貴州省全体で農村貧困人口は585万人、うち441万人がこの「国定貧困県」に住んでいた。「国定貧困県」の農村人口に占める貧困人口の比率は21.5％に達していたのである。

　第3に資源収奪型国有企業のウェイトが高いことである。貴州省は地形的に厳しい条件下にある反面、石炭・リン鉱石・ボーキサイト・石灰岩などの地下資源や水力発電の適地に恵まれていた。このため、これらの資源を利用する国有企業が比較的はやい段階から数多く立地した。さらに1960年代半ばから1970年代にかけての「三線建設」により、重工業が貴州省にも移転立地した。しかし1970年代末からの改革開放の波のなかで、資源採掘を中心とした付加価値の低い産業、経済合理性を無視した立地による非効率な国有重工業は、発展に遅れをとるようになった。その結果、経済面での問題だけでなく、資源の乱開発や立ち遅れた環境対策による環境の悪化が大きな問題になっていたのである。

　これらの結果として、貧困問題と環境問題は互いに絡みあい、事態をいっそう悪化させていた。特に農村部においては「石漠化」による問題が深刻であった。石漠化とは、カルスト地形を土台とし、その上の浅い表土に樹木が生えているような土地で、表土と樹木が失われ、石灰岩が露出する現象をさす。中国の石漠化はおもに貴州省、広西チワン族自治区、雲南省、四川省、湖南省、湖北省、重慶市、広東省の8省市区にみられる。なかでも貴州省とその周辺─広西チワン族自治区、雲南省で深刻である。石漠化は貴州省とその周辺では昔から起きてきた土壌流失による現象であるが、経済活動の拡大に比例して、その面積も拡大してきた。石漠化の原因はおもに、過度の開墾、伐採、過放牧とされ、農村部では、貧しい農民が少しでも食料と現金収入を得ようと、森林を伐採し、無理な作付けをおこなった結果、表土が流出することで石漠化が進行し、土地生産力がさらに低下するという悪循環を引き起こしてきた。土地の劣化がすすみ、作物が育たなくなれば、生態系の悪化により農民の生活環境が脅かされ、飲料水の確保も困難になる。また自然災害が多発することで、さらに貧困が深刻化することになる。

　もっとも、このような問題が放置されていたわけではない。2000年からは
じまった西部大開発では、鉄道、道路などのインフラ整備、資源開発、教育
の充実、新産業の創出など、さまざまなプロジェクトに資金が投下されてい
る。それに連動して貧困削減プロジェクトも、中国国内外の資金および組織
によって実施されていた。環境問題に対しても、1990年代末以降、「退耕還
林」政策が実施され、過耕作による森林破壊を、農地の耕作や放牧を禁じ、
造林をおこなうことによって回復しようとしていた。しかしながら、貴州省
ではこうした政策がすべて成功を収めているとは言いがたい状況であった。

　こうした状況のなかで、わたしたちは貴州省の現場にふれ、研究者として
中国貴州省が抱える社会課題に向きあいたいと考えるようになった。いうま
でもなく、中国では自然環境が悪化していくなかで、現場に「外国人研究
者」がふれることは容易ではない。閉ざされた現場にふれることができたの
は、第1に貴州省の省都である貴陽が日中環境開発モデル都市の1つであっ
たこと、第2に任暁冬教授（貴州師範大学中国南方カルスト研究院、自然保
護・社区発展研究センター長、故人）との出会い、そして熊康寧教授（当時、
中国貴州師範大学南方カルスト研究院所長）の導きによるものである。

　第1の日中環境開発モデル都市は、1997年9月の日中首脳会談において提
唱された「21世紀に向けた日中環境協力」を構成するプロジェクトとして、
大連、重慶ならびに貴陽の三都市を対象にして、主要な汚染源対策やモニタ
リングシステムの構築のため、有償資金協力（円借款）を通じて支援するこ
とで、大気汚染対策を中心として循環型社会システムを築くことをめざすと
ともに、人づくりや制度づくりなどのソフト面でも技術協力による支援をお
こない、これをモデルケースとして、他の都市に普及しようとするもので
あった。このため、貴州省には、日中環境協力にかかわる関係者を通じて、
わたしたち外国人研究者チームが現場にふれることができる可能性があった。

　第2に任暁冬教授が所属し、熊康寧教授が率いる貴州師範大学中国南方カ
ルスト研究院は、石漠化研究の最前線であったこと、さらに同カルスト研究
院は自然地理的な研究、調査、分析のみならず、現場レベルにおける農村計
画や農村調査を実施していたことである。当時の貴州省は中国の五大生態脆
弱区の1つであるとともに、最貧困省の1つであり、これまでの所得レベル

による絶対的貧困に注目した貧困対策にとどまらず、機会の平等やさまざ
まな権利の有無にかかわる相対的貧困に注目するものへと移行しようとしてい
た。農村部における自然環境と社会環境の両面から現場にふれることで、自
然環境の変化が地域の社会、経済、そして貧困にどのような影響をおよぼし
ているかを明らかにしたうえで、課題の解決に何が必要か、問うことができ
たのである。

　本章では貧困問題や環境問題など経済発展のいわば影の部分が顕著にあら
われていた貴州省の現場を通して、中国のなかで経済発展が相対的に立ち遅
れている地域が、貧困、環境に配慮した持続可能な発展をすすめていくには
どのようにすればよいか、社会経済的な観点から研究をすすめていくなか
で、現場にわたしがどのようにふれてきたのかについてふり返るとともに、
その背景を解説しながら見聞を記しておきたい。

4．貴州省とは

「天に三日の晴れの日なし、地に三里の平地なし、民に三分の銀もなし」

　これは貴州省の特徴をあらわした言葉である。貴州省は標高が高く、雨や
曇りの日が多く起伏に富んだ土地柄であり、カルスト地形の山岳地帯がほと
んどを占める。また古くから少数民族が多く住み、歴史上、貧しくへき地で
あった。

　貴州省は中国西南部に位置し、南端は日本の西表島とほぼ同緯度である。
北は四川省・重慶市、西は雲南省、南は広西チワン族自治区、東は湖南省に
接しており（図1）、調査対象地域である畢節市は貴州省の西部に位置する
（図2）。面積は17万6152平方キロメートルで、日本の国土の約半分程度に相
当する。また貴州省は亜熱帯季節風（モンスーン）気候に属し、四季が明確
で、冬は比較的暖かで夏は涼しく、雨が比較的多くて日照が少ないなどの特
徴を有するが、地域的な差異も大きい。貴州省の流域は大きく北と南の2つ
にわけることができる。北は長江上流域に属し、流域面積は省面積の65.7%
を占め、南は珠江上流域に属し、流域面積は省面積の34.4%を占める[6]。

図1　貴州省位置図

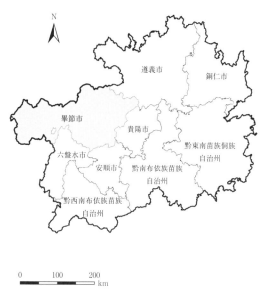

図2　貴州省内畢節市位置図

写真1　貴州省の自然
出典）筆者撮影（2008年9月11日）

　貴州省は世界最大のカルスト地域の一角をなし、中国でカルストが最も多く分布する「カルスト省」である[7]。省全体に占めるカルスト面積は73.8%にのぼり、行政区域では95%の県、市にカルストが分布している。そのため省内各地で奇岩、滝、洞窟などが数多くみられ、一種独特な景観をなしている。また貴州省のカルスト環境の特徴として、山がちであること、表土が浅いこと、地表水資源に乏しいが、地下水資源が豊富であることなどがあげられる（写真1）。こうしたカルストの環境条件は社会経済発展の大きな制約要因となっている。

5．貴州省との出会い

　わたしたちがはじめて貴州省をおとずれた2006年は、成田空港や関西国際空港から上海か広州に向かい、国内線に乗り換え省都にある貴陽龍洞堡空港に向かうルートがあった。当時、貴陽に向かう国内線への乗り換えは、乗り換える小さな飛行機を目指し、滑走路を全力で走り、座席の確保、荷物の場所取り合戦に参戦することが常であった。

　石漠化地域の農村を訪問、調査に向かうには、省都である貴陽から、舗装されていない道を車で丸一日かけてすすんだ末に、対象地域の農村近くの町にたどりつき、翌日、さらに道なき道を車ですすみ、調査地域にようやくたどりつくというものであった。数回の調査を経て、一部開通した高速道路を利用することもあったが、どういうわけか高速道路でも一般道路でもタイヤがパンクし、何時間も車内で待つこともたびたびであった。調査の大半を移動と車中ですごす、といっても過言ではない時代であった。

　3月の現地調査の際には、一面の菜の花畑に遭遇し、棚田を横目に車で通り抜けることもあった（写真2）。来たこともないのに懐かしい心の原風景がそこにあった（写真3）。またカルスト地形特有の山々は独特であったが、一方でひとたび山間部に入ると棚田がいたるところにひろがっていた（写真4）。他方でカルスト特有の山の頂までトウモロコシが作付けされ、急斜面の耕作に適しない場所までも開墾され、限界耕作の限界を超えるともいうべき光景がひろがっていたことも、自然環境の厳しさと生活の貧しさを目の当たりにしたという点で印象的であった（写真5）。

写真2　貴州省の農村風景：棚田と菜の花畑
出典）筆者撮影（2007年3月23日）

写真3　貴州省の農村風景：伝統的家屋と棚田
出典）筆者撮影（2007年3月21日）

写真4　貴州省の農村風景：棚田に囲まれた集落
出典）筆者撮影（2007年9月11日）

42

写真 5　限界耕作
出典）筆者撮影（2008年 2 月27日）

6．水土流失と石漠化の進行

　調査をはじめた当初、貴州省の自然環境は社会経済開発のなかで 4 つの危機にさらされていた。

　第 1 に森林破壊である。建国初期の森林面積は、乱伐のために1970年代には半減し、1980年代まで減少を続けた。その後、燃料転換や植林などによって1990年代に入って回復しつつあったが、森林の適地面積である省全体の43% にはとどかない状況であった。

　第 2 に「水土流失[8)]」と「石漠化」の進行である。貴州省は山がちで、しかも表層の土壌が浅いカルスト地域が多いため、風雨や土地開発に対して脆弱である。そのため土壌浸食が起きやすく、各地で岩盤が露出する石漠化現象がみられる（写真 6 ）。水土流失面積が省面積に占める割合は1950年代に14.2% であったのが、1999年には41.6% に拡大している。また1975年に 5 % にすぎない石漠化面積は、1995年には12.8% に達し、1975年から20年の間

写真6　表土流失、石漠化の進行
出典）筆者撮影（2008年2月27日）

に、毎年平均668平方キロメートルの速度で拡大していた。

　第3に自然災害が激化していることである。もともと貴州省は亜熱帯季節風（モンスーン）気候に属し、水害の多い地域であるが、そのほか干ばつや地すべりを中心とした地質災害にも毎年のように見舞われている。さらに調査をおこなった2008年には省全体が雪害に見舞われており、その被害が広範囲にわたっていた。このように貴州省ではさまざまな自然災害が多発している状況であった。

　第4に環境汚染の深刻化である。中国では河川や湖沼などの地表水について、利水目的別の水質分類をおこなっている。水質状況を表しているⅠ類からⅤ類は、中国における水質環境基準に基づく分類でⅠ類（水源または国家資源保護地域：優良）、Ⅱ類（生活飲用水一級保護地域：優良）、Ⅲ類（生活飲用水二級保護地域：良好）、Ⅳ類（一般の工業用水区域および人に直接接触しない娯楽用水区域：軽度汚染）、Ⅴ類（農業用水などに適用される水源：中度汚染）、劣Ⅴ類（いずれの社会経済機能も満たすことができない水源：重度汚染）となっている。貴州省における主要水系の水質状況（2008）によれば、珠江上流域に

44

ある紅水河が良好な水質を保っているのに対して、長江上流域にある烏江、珠江上流域にある南盤江については V 類またはそれ以下の水質類型の割合が比較的多く、汚染がすすんでいる状態であった。

7．環境と貧困

　貴州省カルスト地域の環境問題は、水質汚濁、土壌汚染、大気汚染、廃棄物問題、自然災害、生物多様性の問題といった代表的な環境問題のほかに、石漠化、水土流失、水源の枯渇、植生回復のむずかしさなど、カルスト地域特有の環境要素によってもたらされる地域特殊性がある。これはカルスト地域特有の厳しい生態環境によるものであるが、これをさらに深刻化しているのは、経済的利益を優先した資源開発と貧しさゆえの資源の過剰利用によるものであった。悪化する生態環境が経済的な発展を局所的、限定的なものにし、それが貧困を加速化させる。貧困は環境資源の過剰な利用と開発により、さらに地域の生態系を悪化させ、地域の環境の劣化がさらなる貧困をもたらすことになっていた。

　石漠化は自然の要素と人間活動の総合的な作用のもとで起こり、カルスト環境の脆弱性が石漠化を促進することになる。当時、調査地域では生計をたてるために伐木開墾がおこなわれ、急斜面の開墾、さらには過度な開拓により水土流失と岩石の露出がおこっていた。

　当時の貴州省は全国で水土流失が最も深刻な省・自治区の１つで、貴州省水利庁の水土流失公告（2005）によれば、全省の水土流失面積は 7 万3179平方キロメートルで土地総面積の41.5% を占め、西部、西北部および東北部が最も深刻だとされていた。大量の水土流失が石漠化を招くおもな要因であり、それが土壌の質を劣化させ、農民の命綱ともいえる土地生産性を低下させていた。また土壌の水源涵養機能が低下し、飲料水の確保が困難になっていた。さらに生態環境がバランスを失ったことで自然災害が発生し、住民の生計に深刻な影響を及ぼし、貧困をもたらしていた。

　貴州省は十分な降雨量があり、河川が多く水資源も豊富で、大部分の地域で年間平均1100〜1300ミリメートルの降水量があるものの、分布が均一では

写真7　屋上に雨水をためる家屋
出典）筆者撮影（2008年9月11日）

ない。特殊なカルスト地形のために蓄水がむずかしいこと、地表水の利用が
非常にむずかしく、地下水位が深いために水資源の利用、特に人や家畜の飲
用水の確保がむずかしいため、多くの地域で雨水に頼るしかない状況であっ
た（写真7）。加えて季節的な水不足に技術が不十分であることが加わり、
さらに顕在化する環境汚染が水質悪化をもたらすことで、カルスト地域を水
不足が深刻な地域にしていた。また水資源の不足により、農業生産が天候頼
みになることで、食料生産や牧畜業にも深刻な影響を与えていた。

8．現場にふれる──貴州省石漠化地域への旅

⑴　村民参加型の解決に向けた取り組み

　わたしたち研究チームは、共同研究の一環として、カルスト石漠化総合整
備プロジェクトの実験区の調査に加わった。研究チームでは貴州省のカルス
ト形成の特徴と生態環境の違いにもとづき、典型的な特徴を有する関嶺─貞
豊花江モデル区、畢節鴨池モデル区、清鎮紅楓湖モデル区の3つをモデル区
として、カルスト石漠化の程度ならびにその生態環境問題にもとづき花江生

態農業とグリーン産業モデル、清鎮生態農業と生態牧畜業モデル、畢節混合農業複合経営モデルおよび3種の整備モデルを支える支援技術体系の構築をめざしていた。

　わたしたちが向かった関嶺―貞豊花江モデル区（以下、花江モデル区）は、貴州西南部の関峰県以南と貞豊県以北の北盤江花江峡谷両岸に位置する典型的な貴州高原のカルスト峡谷区域であった。花江モデル区は総面積52平方キロメートルのうち87.9％の面積にカルストが分布していることから、1人あたりの平均占有耕地面積が少なく従来型の農業では域内の問題を解消することがむずかしいために、貧困からの脱却もむずかしい状況であった。このため花江モデル区では、カルスト高原峡谷の地形と生態環境の特性にしたがい、地域の気候を考慮した生態農業（自然と生物多様性を重視し、最新の科学と技術革新をふまえた農業）とグリーン産業モデルを構築し、生態効果、経済効果、社会効果の実現をめざした支援をおこなっていた。具体的には、山上林と灌木林は森林を保護するために一定期間、伐採や放牧を禁じる「封山」による整備をおこない、山腹の傾斜耕地や石が混在する土地では特色のある山椒の優良品種や薬用蔓植物である金銀花（吸い葛、忍冬、学名：Lonicera japonica）を植栽し、山麓の勾配がゆるやかな土地には林や草地を配置した。さらに域内で必要な食物生産を組織的におこなうと同時に、自然村を単位として村人に栽培・飼育技術と生態環境保護意識に関する研修をおこない、小型貯水池を建設して人と家畜の飲用水問題を解消し、メタンガス利用を改善することで農村のエネルギー不足を解決した。花江モデル区の取り組みは、農村の生産、生活条件を改善し、生活に必要な農作物と家畜飼料の生産、家畜の飼育、家畜糞尿を原料としたメタン発酵によるバイオガス発電による調和のとれた農業生態循環システムを確立し、有機物の生態系における循環をうながし、環境汚染を防止し、農村経済の持続可能な発展を実現につなげるものであった[9]。

　わたしたちが入った花江モデル区内のC村についてふり返ろう。C村は傾斜度が比較的大きく、山に林が一部残っているほかは大部分が二次林であるため、この地域における生態修復事業は、おもに人為活動による干渉を抑制するための封山育林の実施であった。同時に、人為活動を抑制する責任を

村長に負わせるとともに、メタンガス発酵槽を建設し、家畜の飼育と炊事に必要な基本的な生活エネルギー問題を解消したことにより、エネルギー不足のために木を伐採し生態環境を破壊する行為を減少させた。さらに風水林（風水学の見地から造林した林）と責任山（農民に請け負わせた集団経営の山林）でも封山育林をおこない、封山育林の責任を農家に負わせた。またＣ村で石漠化のみられる地域を選び、石漠化総合整備事業をおこなった（写真8）。総面積2474ムー（畝、1ムーは1/15ヘクタール）について、域内の石漠化を強度・中度・軽度の等級と潜在的な石漠化にわけ、これらに応じて造林植草技術に関する試験をおこなった。特に村民に対し栽培・飼育技術と生態環境保護意識に関する研修をおこない、村民に自発的に参画させる参加型生態文明コミュニティによる生態環境建設をおこなったことは評価できる。

　最後に花江モデル区の水源開発、導水事業の遅れによる水不足問題の解決について示す。花江モデル区では、水源は湧泉から取水し、高位貯水池や農家の屋上集水により農家の近くに小型貯水池もしくは地下貯水槽を作り、湧水ポイントもしくは貯水池と配管でつなぐことで人と家畜の飲用水管網を整

写真8　石漠化の防止対策
出典）筆者撮影（2008年2月27日）

備し、モデル区内の人と家畜の飲用水問題を解消した。第2回調査時（2008年2月）においても、村内のモニタリング装置を確認することができた。このように貴州師範大学の研究チームは、花江モデル区において、地形、生態系に考慮した対策を展開することで、最終的には省全体にとってふさわしい石漠化対策の提案をめざしていたのである。

⑵　村のひとびとにふれる

　わたしたち研究チームは、2007年9月に、貴州師範大学の協力を得て、安順市カルスト地域の現場に向かった。朝、わたしたち5人と貴州師範大学の4人は2台の車に分乗し、ホテルから目的地に向かった。途中、貴州師範大学の実験区の1つである清鎮市内で停車し、同実験区の概況について説明を受けた。後に、国際的に有名な観光スポットである黄果樹瀑布のかたわらを通り、正午前、花江鎮の役場所在地に到着した。午後、貴州師範大学の同行者から説明をうけながら、実験区内の村、生態回復プロジェクトなどの現場を視察した。また現場で建設工事をおこなっている村長らに村の状況について聞き取り調査をおこなった。

　花江鎮A村の世帯数は35戸で、総人口は150人である。そのうち、20人から30人が浙江省や広東省に出稼ぎに行っていた。1980年代初めごろ電気が使えるようになったものの、テレビがあるのは10戸だけであった。村には固定電話が1つ、携帯電話が7、8個ある。花江鎮の役場まで徒歩で1時間の距離だが、公共交通機関を利用すると10元（約150円）かかるという。

　ここ30年近くの間、村から大学に進学した人はいない。村幹部に適する人を選ぶのもむずかしい。村に嫁いできた何人かの女性が少数民族であるのを除くと、ほぼ全員が漢族である。張という姓の戸数は多いが、ほかにもいくつかの姓がある。いわゆる雑姓村である。新型農村合作医療制度が導入されており、1人あたり年間10元（約150円）の負担が義務づけられている。

　村長のC氏は1959年生まれで、高卒の学歴をもつが、出稼ぎの経験はない。1963年生まれの妻との間で2男2女が生まれ、6人家族である。19歳の長男は県城にある高校の2年生で寮に住んでいる。17歳の長女は中学校卒業後、2007年5月に県労働局の仲介で広東省の深圳市へ出稼ぎに行っている。

15歳の次男は花江鎮にある中学校の3年生で、自宅から通っている。6歳の次女は小学校1年生である。「計画出産」政策はあるものの、きびしく執行されていない。どの家にも3人ぐらいの子どもがいる。小中学校では義務教育制度が施行され、学費は不要となっているが、雑費として年間5000元（約7万7385円）あまりが必要という。

　どのくらいの耕地をもっているかとの質問に対して明確な答えがなかった。山の斜面や岩石の間でトウモロコシなどを作っているだけであって、畑らしき耕地があまりないからだろう。トウモロコシ、水稲はそれぞれ2、3千斤（1斤は0.5kg）、1千斤余り収穫している。副業としては母豚1頭、子豚2頭を飼っている。昨年は1頭を売って1350元（約2万893円）の収入をえたが、もう1頭は自家用とした。住まいは1999年に作られたもので、100平方メートルのコンクリート作りであった。

　このような村や村人の生活の様子から、なぜ相対的に貧しい地域で石漠化がすすみ、環境と貧困の問題が深刻化するのかが明らかとなる。村では村人たちが経済的に貧しく、出稼ぎに出ざるをえない大人が多い。また村人たちの教育年数は少なく、識字率も低いことから、課題解決のためには村人たちが正しい知識と技術をもつためのトレーニングや出稼ぎに行かなくても村あるいは村周辺で自立した生活ができることが必要である。また持続可能な地域づくりのためにはコミュニティ参加型の取り組みが必要であることもうかがえる。

　「外国人をみたことがない」という村人たちにタバコをふるまいながら話をきいた。聞き取り調査の際にふるまった日本から持参したタバコは珍しいものの、村人たちのタバコに比べ、軽いものであったようで、「珍しいけどおいしくない」と苦笑しながら話がすすんでいった。現在では中国でも販売されているが、当時のフィールド調査のおともはマールボロ、ピース、セブンスターが定番で、農村地域でのフィールド調査には、大人向けのタバコと子ども向けの鉛筆やシールなどの文房具がコミュニケーションツールとして欠かせず、これらは調査かばんのなかに常備されていた。

⑶　「よそもの」が青空ゼミへ参加する

2008年2月に2回目となる花江モデル区の農家調査をおこなった。農家調

査の対象地域は、C村とH村であった。同調査は貴州師範大学中国南方カルスト研究院院長である熊康寧教授をリーダーとする10人のメンバーで実施された。わたしたちは熊教授の運転するクロスカントリーSUVとでもいうべき悪路に強い車に乗り、村に向かった。熊教授が運転する車は貴陽から調査村に向かうまで、途中の通り過ぎる町々でひとり、またひとりと調査メンバーをピックアップし、十分に舗装されてないでこぼこ道を疾走する。わたしたちは車の天井に頭を打ちつけたり、左右に大きく揺れるたびに車内から放り出されたりするリスクを回避しながら乗車していたが、道路上には通過する車にひかれることによって脱穀を待つ収穫物がならべられており、わたしたちの車も一役買っていたようだ。町にはまだ人力で唐辛子を運搬する人もみかけられ、古い時代にタイムスリップしたような感覚におそわれた。

　村での聞き取り調査は、農家の就業状況、経営状況、収支、教育、社会保障などの基本状況の調査を通して、貧困地域の社会経済発展の歴史と現状を把握したうえで、貧困の軽減と撲滅をすすめるための政策を導くために設計された。調査は二人一組で農家を一軒、一軒、直接訪問し、協力を求めるといった地道で根気が必要なものであった。

　また100以上の質問項目は多岐にわたっていた。質問項目は家庭の基本状況、世帯構成員の基本状況（就業状況、出稼ぎ状況、就学状況）、経営状況（農業生産状況、収入と支出、貯蓄と貸借）、生活状況、社会保障、社会生活と社会交流、貧困扶助及びその効果、農民の社会意識のそれぞれについて、細かく設計されており、調査員が調査項目を頭に入れたうえで、村人たちとの会話のなかから、その実態を引き出して記述していく、というものであった。わたしたちが同行した調査のなかでも、調査員は実にうまくコミュニケーションをとりながら、スムーズに調査をすすめており、こうした貴州師範大学チームの調査を目の当たりにし、調査員の地域の課題解決に向けた熱い思いが伝わってきた。

　わたしたちがおとずれた道路に面した農家は、住居が2階建ての石とコンクリート造りの家屋であったため、アンケート調査票の分類では、外観から比較的豊かな住宅として評価されていた（写真9）。この住居には父母と息子家族が同じ建物内の1階と2階にわかれて住んでいたが、1階に住む父母

写真 9　沿道の農家
出典）筆者撮影（2008年 2 月27日）

写真10　農家の内部
出典）筆者撮影（2008年 2 月27日）

の住居にはテレビがなく電気は簡易なものでガスも通っていなかった（写真10）。しかしながら 2 階に住む息子家族の部屋には、息子の出稼ぎによる現金収入があったため、最新式のブルーレイディスク再生機が大型テレビの横

52

写真11　青空ゼミ
出典）筆者撮影（2008年2月27日）

に鎮座していた。農村に行き、農家に入ってみないとわからないことではあるものの、このように農村風景からも住居の外観からも想像できないような場所に最新家電がある現実に違和感をおぼえた。またわたしたちがおとずれた農家では、屋内で白湯をふるまいながら話をしてくれたり、屋外でスリッパ作りの内職をしながら話をしてくれたり、電話で留守宅の村人の帰宅時間を確認してくれたり、実に温かいおもてなしを受けた。

　一日の調査が終わると、農家の庭先で一日をふりかえる熊康寧教授による青空ゼミがおこなわれた（写真11）。2回目の農家調査には、すでに大学院を修了したOBも調査員として研究チームに含まれていた。青空ゼミは調査結果と調査の課題を共有し、課題を解決し、次の調査に反映させていくことにとどまらず、熊教授がフィールド調査の大切さや研究に対してあるべき姿勢などについて、メンバー一人一人に向きあいながら親身に指導する姿があった。ここにわたしは優しくも厳しい父の姿をみた。青空ゼミの参加までは、共同研究者として幾度となく調査を重ね、同じ釜の飯を食べてきたにもかかわらず、わたしたちは外地の人、そして外国人であるがゆえにどこか「お客さん扱い」をされてきたことが否めなかった。この2回目の農家調査により青空ゼミへの参加と農家のひとびとにより深くふれあう機会を得たことで、「よそもの」であるわたしたちがチームのメンバーとして受け入れられ、調査に加わることができた瞬間であったかもしれない。

(4)　村のひとびとのくらし

　C村にある調査チームの宿泊先でもあるR氏は、5人家族で、長女（24歳）は結婚後、都匀に在住、1歳の子どもがいる。次女（22歳）は2007年に結婚し、安順黄果樹に在住、長男（19歳）は貞豊県初の中学3年生で、自宅

から10kmの距離を毎日、排気量の大きいバイクで通学している。三輪自動
車の運転は14歳から自学自習で開始したそうである。R氏は2000年から「花
椒（原語のピンインでは huājiāo）」を栽培している。それ以前はトウモロコシ
を10数ムー植えていた。また2000年に退耕還林もおこなっている。また退耕
還林をしたことについては、別途訪問した他のC村の農家でも同じ時期に
退耕還林をしていたことを確認した（写真12）。これまでは木を切って生計
を立てていたが、今、そしてこれからは木を植えて生計を立てていると政策
に翻弄されながら真逆の行為によって金銭的対価を受け取っているからであ
ろうか、それとも植林による金銭的サポートには年限が設けられているた
め、金銭的サポートが終わった後の将来を心配しているのだろうか、複雑な
表情を浮かべながら話してくれた。

　またR氏は2000年から2005年くらいまで、1年のうち6、7ヶ月、広州
など南方に出稼ぎに出ていたそうだ。調査時にはメタン発酵装置を建設中
で、政府からの1300元（2万2314円）の補助と同額の自己負担額で建設して
おり、完成後は豚を飼う予定であった。また調査時は、沿道への引っ越しの
最中で、以前住んでいた沿道から奥まった場所にある住居は養鶏場にしたい

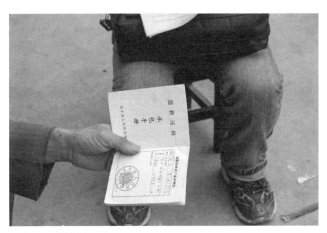

写真12　退耕還林証
出典）筆者撮影（2008年2月27日）

と考えているそうだ。養鶏場では500羽程度飼うことを予定している。家屋は煉瓦とコンクリート造りを主とし、扉の枠やダイニングのフローリングなど、部分的に木材を使用していた。村人たちは豊かになるにつれ、道路沿いのアクセスのよい場所に住居を移す傾向があり、沿道から離れると管理が行き届かない粗末な住居がみられた。

C村の調査メンバーが宿泊する農家と小学校の間には、水土流失に関する手動の簡易計測装置が設置されており、その計測と管理はその宿泊農家に任されているという。比較的粒子の細かな（軽い）流出量は上澄みの流量から、粒子の大きい（重い）ものは底に沈殿した量から推定するという。

農家でふるまわれた鍋料理は、村周辺で収穫された葉野菜がふんだんに取り入れられ、葉野菜鍋を「花椒」などのしびれるスパイスとともに食し、村で醸造された自家製のお酒がふるまわれると、聞き取り調査の第2ラウンドがはじまっていた。ひとしきり夜の調査を終え、C村で夜空を見上げると日本と同じ月夜をみることができた。まるで宇宙に吸いこまれそうな深く静寂な夜空をみながら、ながい調査の一日が終わりを告げようとしていた。

第2回の調査（2008年2月）では、新たに「火龍果（原語のピンインではHuǒlóng guǒ、ドラゴンフルーツ）」が斜面一帯に植樹されていた。封山育林の現場からは植生が回復するまでに20年から30年はかかるだろうとの説明があった（写真13）。もうひとつの調査対象であるH村では、小規模な観光開発がなされているものの、その利益が住民に広く行き渡っておらず、住民参加が課題であった。また村ではトイレのドアを白く塗ることにより（遠方からみると白くみえるため）、「これでトイレが近代化された」と説明されるような時代であった。

調査地を歩くと、封山育林地域を確認できた。その一方で、商品果樹の苗木を植える試みや、高木と草木の組み合わせにより、石漠化環境に耐える造林植草を試行していた。

「花椒革命」といわれるように、「花椒」を核とした農業をおこなうことで、所得が上がり、遠方に出稼ぎに出向かなくても、専業ないしは近隣地域での出稼ぎで生活できる農家が増えたようだ。しかしながら、村内においても所得格差はひろがっており、道路に面した優良地に新築住宅や立派な住宅

写真13　封山育林
出典）筆者撮影（2008年2月27日）

が立ち並びつつある一方、道路から離れた奥地に、旧式の質素な住宅が取り
残されていた。

　調査先の家庭で、小学生の娘さんが、恥ずかしそうに出してくれたサトウ
キビの甘さがなつかしい。調査地は貧しいとされる村々であったが、どの村
でも村人たちの訪問者をもてなそうとする心にふれ、感謝の気持ちがたえな
かった。

⑸　しなやかにいきるひとびと

　調査の合間に昼食のためにおとずれた個人レストランには、入り口に客を
もてなす奇岩が鎮座していた。店主が説明するには、頭をたれて出迎えるよ
うな奇岩の姿が、その店が客をうやまい、もてなす気持ちを表現しているそ
うだ。石漠化と表土流出により、見渡す限り荒涼とした景色のなかにポツン
とある一軒のレストランは、繁盛しているようにはみえなかったが、主人に
よると、香港など海外で活躍する企業家や沿海部の企業経営者などの富裕層
が直接、奇岩を買い求めにやってきたり、富裕層を相手にする仲買人が奇岩
を買いつけにやってきたりするという。店主は、時に知り合いと協力しなが
ら、希望にあった奇岩を削りとり、高値で販売するそうだ。取り扱う奇岩

写真14　黄果樹瀑布庭園内の奇岩
出典）筆者撮影（2008年 9 月12日）

は、時として、庭園の景石となったり、会社のエントランスを飾ったりする
のだという（写真14）。巨大なものも多く、大型トラックで長距離を輸送す
ることもあったそうだ。
　厳しい自然環境のなかでも奇岩をビジネスにしたたかにくらすひとびとが
そこにいた。

9．希望と課題

　地域の自然環境の悪化と貧困の連鎖の解決への道のりは長くけわしい。地
域に特化した実証研究を積み重ねていくことは、一見すると、遠回りで遅々

たる歩みに思えるが、その答えを見出す際に現場にふれることは必要不可欠な作業である。

　貴州師範大学南方カルスト研究院を中心とした貴州省のカルスト石漠化総合対策とコミュニティ社会経済文化発展計画は、地域住民が主体的に取り組みながら、貧困の克服と環境の再生をはかる好例であった。きびしい自然に向き合いながら、環境保全と経済的自立を両立するためには、なぜ環境を保全しなければならないのか、そこではどのような技術が必要なのか、さらにどのように経済的自立をはかればよいのか、なぜ地域住民が自発的に取り組まなければならないのか等について、まずは知ること、次に学ぶこと、そして考えること、さらに行動することが必要である。こうした地域での実践は、同様に環境と貧困にあえぐ地域への希望となり、こうした地域では、社会開発の重要性とそれに必要な人的資源の育成としての教育や社会サービス、経済成長の恩恵が届かない地域や人に目を向けた政策の実践がかかせない。

　わたしたちの研究チームは「よそもの」の視点から、貧困地域の「環境に配慮した持続可能な発展」条件を、基礎的な生存・生活条件の改善・向上といった狭義の貧困削減政策に対する評価にとどまらず、環境保全、資源利用、他の地域政策等に対してどのような影響を与えるのか、どのような社会開発に対するアプローチが必要とされるのかに注目しながらフィールド調査をおこなってきた。貴州省の石漠化地域の課題解決について、環境に配慮した「貧困削減政策」といった単一の政策による解決ではなく、中国の抱える国内外のさまざまな社会問題にかかわる複数の政策手段の組み合わせとして分析しようと心がけてきたのである。

　わたしが中国のフィールド調査をはじめてから20年余りの年月が過ぎた。この間も貴州省は経済成長を続けている。調査地域の1つであった畢節は、経済発展にともない交通条件が改善し、いまや高速道路、高速鉄道、国内空港が整備され、都市化がすすんでいる。現在の畢節市 W 村は広い道路が整備され、街灯や太陽光パネル、遠くには風力発電なども設置されている（写真15）。15年の時を経て周辺のインフラ整備がすすみ、交通アクセスがよくなった村の姿がそこにあった。

58

写真15　整備された広い道路（W 村）
出典）楊明豪氏撮影（2023年 9 月 5 日）

　貴州省における住民 1 人あたりの可処分所得はここ数年をみても、2014年の 1 万2371元（約21万3353円）から2020年の 2 万1795元（約33万7364円）までコロナ禍に減少することもなく増加の一途をたどっている（中国統計年鑑：2021）。しかしながら、都市部の住民 1 人あたりの可処分所得が2014年 2 万2548元（約38万8868円）から2020年 3 万6096元（約55万8722円）へ増加していることに対し、農村部の住民 1 人あたりの可処分所得が2014年6671元（約11万5052円）から2020年 1 万1642元（約18万207円）の増加であることから、今もなお、都市部と農村部の住民の間には 3 倍以上の所得格差があることがわかる。

　経済的な豊かさだけが社会の指標ではないにせよ、中国のなかで経済発展が相対的に立ち遅れている地域が、また地域内でも格差がいちじるしい地域において、環境に配慮した持続可能な発展をすすめていくにはどのようにすればよいか、その答えはいまだにみつかっていない。中国のフィールドでの経験は、古くて新しい課題に向きあうことであると同時に、そのなかにはわたしたちの身近な社会の課題と多くの共通点がある。

　経験することは学ぶこと、かかわることで世界はひろがる。これからも現

場に向きあい、現場にふれることで課題解決に一歩でも近づく研究がすすめられることを願ってやまない。

10.　ふれあうことはつながること

　貴州省の現場にふれることができたのは、実に多くの方々との出会いと協力によるものである。「招かざる客」である外国人研究者が閉ざされた現場にふれることができたのも、任暁冬教授、熊康寧教授（当時、ともに貴州師範大学中国南方カルスト研究院）をはじめとした国際共同研究メンバーのおかげである。またこうした国際共同研究をすすめることができたのは、日本チームの竹原憲雄教授（桃山学院大学名誉教授）、厳善平教授（同志社大学）、竹歳一紀教授（龍谷大学）、大塚健司氏（アジア経済研究所）との出会いによるところである。かつての中国調査では団長をトップとして、「よく話す人」「よく聴く人」「よく食べる人」「よく飲む人」「よく笑う人」が必要とされていた。中国調査における「宴会」は地域調査の醍醐味ともいえるが、こうした中国調査を継続しておこなうためには、臨機応変にその場の空気を読んでたちふるまうことが求められ、「同じ釜の飯を食う」ことで信頼関係が構築される時代でもあった。

　また楊明豪氏（近畿大学大学院総合理工学研究科博士課程）との出会いにより、コロナ禍ならびにコロナ後の現地の様子をうかがうことができたことに感謝したい。間接的ではあるが、今の現場にふれることができた。

　ふれあうことはつながること、棚田にひろがる菜の花畑の現場に、足を運び地域にふれてみてはいかがだろうか。

注
1）　アジア経済研究所とウッドローウィルソン国際学術センター中国環境フォーラム（ワシントンD.C.）との国際交流基金日米センターの助成を得て実施された日米中共同研究 "Crafting Japan-U.S. Water Partnerships: Promoting Sustainable River Basin Governance in China"（中国の持続可能な流域管理と国際協力―日米水協力イニシアティブによる展望）。

2）　乙女塚は水俣市袋にある。乙女塚は水俣病患者の田上義春氏の自然農園に、俳優の砂田明氏が移り住み、そこに胎児性水俣病患者として生まれ、21歳で亡くなられた上村智子さんと生類すべての鎮魂のために建立された。上村智子さんはユージン・スミスの代表作である「入浴する智子と母」の被写体でもある。

3）　貴州省にかかわる研究プロジェクトは、地域社会連携研究プロジェクト（05連172）「持続可能な経済社会の構築に向けて」（2005年4月 -2008年3月、桃山学院大学、研究代表者）、同プロジェクト（08連196）「低炭素社会の構築に向けて」（2008年4月 -2011年3月、桃山学院大学、研究代表者）、文部科学省科学研究費（基盤研究 B）「中国貧困省の持続可能な発展に向けた社会経済学的研究——貴州省の典型地域分析（研究課題番号：18330066）」（2006-2009年度、研究代表者）と続いた。

4）　本章における詳細な分析については、竹歳・藤田編（2011）を参照。

5）　貴州省の農村住民1人あたり純収入は2009年に3005元（約41,159円）であり、これは全国平均5153元（約79,580円）の58%にしかすぎなかった（中国国家統計局編：2010）。また、これは貴州省の都市住民の1人あたり可処分収入12,863元（約176,184円）のわずか23%であった。通貨は2009年の年平均レート、1元 =13.6970円で算定（IMF DATA）。以下、本章では各年の平均レートで算定している。2007年、1元 =15.4770円。2008年、1元 =14.8761円。2014年、1元 =17.2461円。2020年、1元 =19.4913円。

6）　長江上流域は、牛欄江・横江水系、赤水河・簒江水系、烏江水系、沅水系からなり、このうち烏江は長江上流右岸で最大の支流である。また珠江上流域は、南盤江水系、北盤江水系、紅水河水系、柳江水系からなる。中部にある苗嶺山は、長江水系と珠江水系の分水嶺となっている。

7）　貴州省は広範囲にカルストが形成されているが、地域によってカルスト形成に影響を与える要素が異なり、特に地質構造、岩層構造、地形、水文等の特徴が地域によって異なるため、気候、生物、土壌の地域性分布に水平分布と垂直分布の二重性をもたらすとともに、土地のタイプが複雑で垂直分化と地域分化が顕著にみられ、複雑かつ多様な生態環境が形成されていた。

8）　水土流失は日本語の土壌侵食に対応する中国語である。本章では松永（2013）にならい、「水土流失」を用いる。中国の水土流失については松永（2013）にくわしい。

9）　花江モデル区では、技術支援として①封山育林と人工生態修復技術（主に山

上の林地と灌木林地での封禁と地域社会周辺の封山育林に応用する）、②生態経済林の造林と植生構造最適化技術（山腹の傾斜耕地や石が混在する土地での人工造林や山椒・金銀花の植え付けと、喬木・灌木・草という植被構造の組み合わせを指導する）、③地表での蓄水、集水技術、地表カルスト水貯水管のネットワーク化技術、人と家畜の飲用水配管網技術（モデル区内の水源開発と導水事業の遅れから来る水不足問題を解消する）、④農村エネルギーの開発技術（メタンガス発酵槽の建設を中心にモデル区内の農民の日常生活におけるエネルギー問題を解消する）による支援をおこなっていた。

参考文献

竹歳一紀・藤田香編著［2011］『貧困・環境と持続可能な発展：中国貴州省の社会経済学的研究』晃洋書房

藤田香・竹原憲雄・厳善平・竹歳一紀・大塚健司［2011］「中国貴州省の持続可能な発展に向けた諸政策：貧困対策、環境保全及び国際協力を中心として」『桃山学院大学総合研究所紀要』第33巻第2号　65-100

松永光平［2013］『中国の水土流失：史的展開と現代中国における転換点』勁草書房

貴州省水利庁［2005］「水土流失公告」

中国国家統計局編［各年版］『中国統計年鑑』中国統計出版社

62

【執筆者紹介】

大塚 健司（おおつか けんじ）

出　身：滋賀県生まれ、和歌山県育ち
生　年：1968年
学　歴：筑波大学大学院生命環境科学研究科博士後期課程修了、博士（環境学）
勤務先：日本貿易振興機構 アジア経済研究所 新領域研究センター
業　績：単著『中国水環境問題の協働解決論──ガバナンスのダイナミズムへの
　　　　視座』（晃洋書房、2019年）
　　　　編著　Interactive Approaches to Water Governance in Asia（Spring-
　　　　er, 2019）
　　　　共編著（中国環境問題研究会編）『中国環境ハンドブック2011-2012年
　　　　版』（蒼蒼社、2011年）

藤田　　香（ふじた かおり）

出　身：大阪市
生　年：1968年
学　歴：神戸商科大学大学院経済学研究科博士後期課程修了、博士（経済学）
勤務先：近畿大学総合社会学部
業　績：単著『環境税制改革の研究：環境政策における費用負担』（ミネルヴァ書
　　　　房、2001年、第12回租税資料館賞）
　　　　竹歳一紀・藤田香編著『貧困・環境と持続可能な発展：中国貴州省の社会
　　　　経済学的研究』（晃洋書房、2011年）
　　　　分担執筆「環境と財政」（植田和弘・諸富徹編）『テキストブック現代財
　　　　政学』（有斐閣、2016年）

水資源・環境学会『環境問題の現場を歩く』シリーズ ❹

中国・淮河流域と貴州省石漠化地域を歩く

2024年6月25日　初　版第1刷発行

著　者	大	塚	健	司
	藤	田		香
発行者	阿	部	成	一

169-0051　東京都新宿区西早稲田1-9-38

発行所　株式会社　成　文　堂

電話 03(3203)9201(代)　Fax 03(3203)9206
http://www.seibundoh.co.jp

製版・印刷・製本　藤原印刷　　　　　　　　　**検印省略**
☆乱丁・落丁本はおとりかえいたします☆
ISBN978-4-7923-3441-3　C3031

定価（本体1000円＋税）

刊行にあたって

　水資源・環境学会は学会創立40周年を記念して、ブックレット『環境問題の現場を歩く』シリーズの刊行を開始することにしました。学会創設以来、一貫して水問題、環境問題を中心とした研究に取り組んでまいりました。水資源・環境学会の使命は「深化を続ける水と環境の問題を学際的な視点から考察し、研究者はもちろん、実務家、市民のみなさんなど幅広い担い手の参加を得て、その解決策を探る」と謳っています。

　水と環境の問題を発見するためには、問題が起こっている現場で何が問われているかを真摯な態度で聞くことが出発です。「現場」のとらえ方は、そこに住む人、訪れる人によって様々です。「百人百様」という言葉がありますが、本シリーズは、それぞれの著者の視点で書かれたものであり、皆さんは、きっと異なった思いや、斬新な問題提起があると思います。

　本シリーズをきっかけに「学際的な研究交流の場」の原点である現地を歩くことにより、瑞々しい研究意欲を奮い立たせていただければと願います。

水資源・環境学会